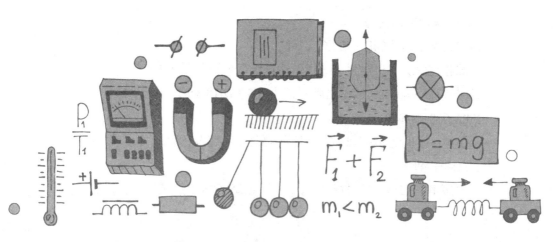

趣味物理学

[苏]雅科夫·伊西达洛维奇·别莱利曼 著　　　　戴光年 译

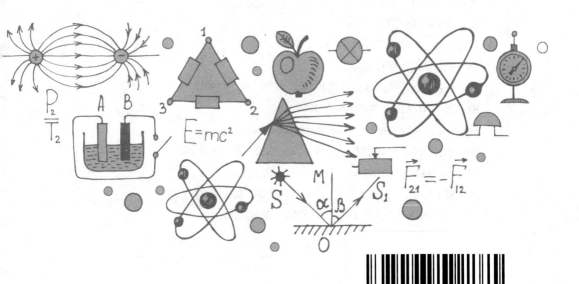

版 武汉出版社
WUHAN PUBLISHING HOUSE

（鄂）新登字08号

图书在版编目（CIP）数据

趣味物理学 / [苏] 雅科夫·伊西达洛维奇·别莱利曼著；

戴光年译.—武汉：武汉出版社，2011.3（2018.8重印）

ISBN 978-7-5430-5551-3

Ⅰ.①趣…　Ⅱ.①雅…②戴…　Ⅲ.①物理学—普及读物

Ⅳ.①O4-49

中国版本图书馆CIP数据核字（2010）第257928号

书名：趣味物理学

著　　者：[苏]雅科夫·伊西达洛维奇·别莱利曼

译　　者：戴光年

本书策划：李昇鸣　杨　肖

责任编辑：万　忠

特约编辑：张红玲

封面设计：象上品牌设计

出　　版：武汉出版社

社　　址：武汉市江汉区新华路490号　　邮　编：430015

电　　话：（027）85606403　85600625

http://www.whcbs.com　　E-mail:zbs@whcbs.com

印　　刷：北京高岭印刷有限公司　　经　销：新华书店

开　　本：787mm×1092mm　1/16

印　　张：13.5　　　　　　　　　字　数：214千字

版　　次：2011年3月第1版　2018年8月第3次印刷

定　　价：49.80元

目录

第四章　转动·"永动机"

第五章　液体和气体的特性

第六章　热现象

第七章　光　线

第八章　光的反射和折射

第九章　一只眼睛和两只眼睛的视觉

第十章　声音和听觉

译 者 序

本书是世界著名科普作家、趣味科学奠基人（苏联）雅科夫·伊西达洛维奇·别莱利曼最经典的作品之一，从1916年完成到1986年已再版22次，并被译成十几种文字。在本书中，作者不仅力求向读者讲述物理学的新知识，在一定程度上帮助读者了解他已经知道的东西，还希望加深读者对物理学重要理论的认知并对这些知识产生更浓厚的兴趣，对已掌握的知识做到活学活用。为了达到这个目的，书中给出了物理学领域中的大量谜题以及引人入胜的故事和妙趣横生的问题，当然还有各种奇思妙想以及让人意想不到的比对，这些内容大都来源于我们生活中每天都会发生的事件，有的取材于著名的科学幻想作品。比如，书中引用了儒勒·凡尔纳、威尔斯、马克·吐温以及其他作者作品的片段，这些片段中所描述的神奇经历，不仅引人入胜，而且可以作为鲜活的实例，在传授知识的过程中起到奇妙的作用。

在此，我将这一宝贵的作品翻译为中文，真诚地向读者朋友们推出，希望借别莱利曼大师的智慧来激活读者的科学想象力，教会读者如何按照物理学方式去思考。翻译过程中，我力争保持这一伟大作品的精髓和原貌，让语言风格更有趣、生动。同时，结合了现代科学知识，对作品进行了一些小小的补充，但没有进行大规模的修改，因为作者对物理学知识的深入解读至今鲜有人能够超越，他的这部作品无论是选材还是示例，可谓尽善尽美，时至今日仍符合读者阅读习惯，从未落后。

众所周知，在1936年以后，物理学有了飞速发展，并出现了许多新的发现和研究成果，而这些正是本书中未能提及的。但就物理学原理的论述，至今仍然被视为权威，比如书中关于航天原理的论述。如果试图将物理学领域所有最新的发现和研究成果都反映在本书中，那么本书的内容就会大大增加，导致知识庞杂，这不但不利于读者的阅读和使用，也不利于对经典作品的保护和传播。

第一章
速度和运动的叠加

我们的运动速度有多快？

　　一个出色的径赛运动员跑完1.5千米大约需要3分50秒（1958年的世界纪录为3分36.8秒）。如果要将这个速度与普通步行的速度（每秒1.5米）做一个比较，需要进行一个简单的计算。计算结果显示，运动员的奔跑速度为每秒7米。不过，这两个速度并不是完全可以相比较的：因为步行的速度虽然只有每小时5千米，但是步行者可以持续步行几个小时，而运动员只能在较短的时间内保持高速奔跑。步兵的行军速度是1500米的世界纪录的1/3，只有每秒2米或者每小时7千米多，但与运动员相比，步兵的优势在于可以行进更远的路程。

　　如果我们把人的正常行走速度与那些通常认为是行动缓慢的动物——蜗牛或者乌龟的速度进行比较，结果还是很有意思的。蜗牛确实不愧为行动最慢的动物之一，它每秒只能爬1.5毫米，也就是每小时5.4米，是人行走速度的千分之一。而另外一种典型的慢家伙——乌龟，也不比蜗牛快很多，一般情况下它的爬行速度也只有每小时70米。

　　与乌龟和蜗牛相比，人还是相当敏捷的，但是如果将人的速度与自然界的其他运动，甚至是不算很快的运动相比，就是另一番景象了。的确，人的速度可以轻松超过平原河流的水流速度，甚至也不比中等的风速慢很多；但如果想与每秒钟能够飞行5米的苍蝇并驾齐驱，人就只能采用滑雪的方式了；而追赶野兔或者猎犬，人即使骑在快马上也无法做到；至于和老鹰比速度，人只有一个办法：坐飞机。

　　机器的发明，使人类成为世界上运动最快的生物。

　　苏联曾制造出了一种水翼客船，其速度可达到每小时60~70千米。人在陆地上的运动速度还要超过在水中的速度。在苏联的某些铁路路段上，列车的行驶速度已经达到每小时100千米。吉尔—111型轿车（图1）可以加速到每小时170千米，七座"海鸥"轿车也可以达到每小时160千米的速度。

　　现代飞机的速度还要远远高于汽车、轮船的速度。在苏联的很多民航航线上都使用图—104型（图2）和图—114型飞机，其平均飞行速度大约是每小时800千米。曾经，飞机制造者还需要面对"超音速"的难题，即超过每秒330米，也就是每小时1200千米，但现在这个难题已经成为过去。 强劲的喷气式发动机，能够使飞机的速度接近每小时2000千米。

图1　吉尔-111型轿车

图2　图-104型喷气式客机

　　人类制造的航天飞行器还能达到更快的速度。靠近大气层边缘运行的近地人造地球卫星的速度接近每秒8千米，而飞向太阳系其他星球的宇宙飞行器的初始速度已经超过第二宇宙速度（每秒11.2千米）。

读者可以看一看下面这个速度对照表：

	值	单位	值	单位
蜗牛	1.5	毫米/秒	5.4	米/小时
乌龟	20	同上	70	同上
鱼	1	米/秒	3.6	千米/小时
步行者	1.4	同上	5	同上
骑兵慢步 骑兵奔跑	1.7 3.5	同上	6 12.3	同上
苍蝇	5	同上	18	同上
滑雪 骑兵疾驰 水翼艇	5 8.5 16	同上	18 30 58	同上
野兔 老鹰 猎犬	18 24 25	同上	65 86 90	同上
火车	28	同上	100	同上
吉尔—111型轿车 赛车（纪录）	50 174	同上	170 633	同上
图—104型飞机	220	同上	800	同上
空气中音速 轻型喷气式飞机	330 550	同上	1200 2000	同上
地球公转	30000	同上	108000	同上

与时间赛跑

我们能够在早晨八点钟坐飞机从符拉迪沃斯托克出发，并于当天早晨八点钟飞抵莫斯科吗？ 这个问题看起来好像没有任何意义，但是实际上并非如此。是的，我们可以做到。为了弄清楚为什么会有这样的答案，我们只需要记住这样一个事实，就是在符拉迪沃斯托克与莫斯科的地方时间上存在9个小时的时差。 假如飞机可以用9小时从符拉迪沃斯托克飞抵莫斯科，那么它到达莫斯科的时间，恰好就是它从符拉迪沃斯托克起飞的时间。

符拉迪沃斯托克至莫斯科之间的距离大约为9000千米。也就是说，飞机的飞行速度应该等于9000/9 = 1000千米/小时，而现代的飞机是完全可以达到这个速度的。

要想在极地纬度"追赶太阳"（更确切地说，是追赶地球），只需要很小的速度。在77°纬线上，一架速度大约为450千米/小时的飞机在一段时间内的飞行距离，与在地球自转作用下，地球表面上的一个点在同样时间内的移动距离相同。在这种情况下，这架飞机上的乘客会看到一个十分有趣的现象：太阳一动不动地悬挂在天空中，永远不会有日落（当然，飞机必须是朝正确的方向飞行，否则上述情形是不会出现的）。

"追赶月亮"就更简单了，因为月亮是绕地球运行的，而月亮的绕地运行速度，是地球自转速度的1/29（当然，我们比较的是所谓的"角速度"，而不是线速度）。所以，一艘每小时行驶25~30千米的普通轮船，在中纬度上就可以"追赶月亮"。

马克·吐温在自己的随笔《傻子国外旅行记》中就记载了这种现象：从纽约出发，在大西洋上向亚速尔群岛航行时，"正值夏天，天气非常好，夜晚甚至比白天更美丽。我们观察到了一个奇怪的现象：每个夜晚，月亮在同样的时间都出现在天空中的同一个位置。最初，我们对月亮的这个独特现象感到莫名其妙，后来我们明白了，事情原来是这样的：我们每小时向东经方向行进20度，也就是说，正是这样的速度使我们可以同月亮保持同步"。

千分之一秒

我们已经习惯于使用人类的计时标准来计量时间，所以对我们来说，千分之一秒差不多等同于零，只是在不久以前，我们才开始在生活实践中与这么短的时间间隔打交道。在人们只能根据太阳的高度或者影子的长度来确定时间的年代，即使想要把时间精确到分钟都是不现实的（图3）。当时，人们把分钟看成是无关紧要的时间，根本不值得去计量。古人的生活是不紧不慢的，所以在他们的计时器（日晷、滴漏、沙漏）上根本就没有"分钟"的刻度（图4和图5）。直到18世纪初，表盘上才出现了分针，而秒针的出现则要推迟到19世纪初。

图3　白天根据天空中太阳的位置（左图）和
根据影子的长度（右图）确定时间

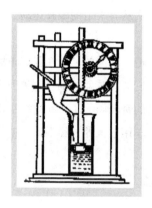

图4　古时使用的水钟

图5　古老的怀表

在1/1000秒的时间内能够做些什么事情呢？可以做很多事！是的，火车在这点时间里只能前进3厘米左右，然而声音却能够传播33厘米，飞机甚至可以飞出半米远。地球在1/1000秒的时间内可以围绕太阳运转30米，而光，则可以传播300千米。

生活在我们周围的微小生物，假如它们会思考，那么它们大概不会把1/1000秒当做无所谓的一段时间，比如，1/1000秒的时间，对昆虫来说，是完全可以感觉得到的。蚊子的翅膀每秒钟可以上下拍动500~600次，也就是说，在1/1000秒的时间内，蚊子来得及把翅膀抬起或者放下。

人类当然没有能力像昆虫那样快速移动自己的肢体，对我们来说，最快的动作就是眨眼睛，我们平时经常说的"一瞬间"或者"一刹那"，最初就是这个意思。眨眼睛的动作是如此之快，以至于我们连眼前景物被瞬间遮蔽都察觉不到。然而，虽然很少有人知道，但是确实有人知道：实际上，这个作为不可思议速度代名词的快速动作，如果用1/1000秒为单位进行测量，还是相当慢的。根据精确的测量结果，一次完整的"眨眼"时间平均为2/5秒，也就是400个1/1000秒。一次眨眼动作可以分解为以下几个步骤：眼睑放下（75~90个1/1000秒），眼睑垂下后处于静止状态（130~170个1/1000秒），最后是眼睑抬起（大约是170个1/1000秒）。您看到了，字面意义上的"一刹那"实际上还是相当长的一个时间段，在这段时间内眼睑甚至来得及稍微休息一下。所以，假如我们能够感觉到在1/1000秒内发生的独立事件，就能在"一刹那"间捕捉到两次从容不迫的眼睑运动，以及处于这两次眼睑运动之间的片刻静止了。

假如我们的神经系统具备了这样的构造，周围的世界在我们眼里就会变得连我们自己都认不出来了。这时，我们的眼睛就可以看到英国作家威尔斯在短篇小说《新型加速剂》中所描绘的奇怪画面了。在这部小说中，主人公喝下了一种神奇的药水，这种药水作用于人的神经系统，使人的感觉器官能够察觉到极快的事件。

下面就是从这部短篇小说中摘录的几个片段：

"你以前看到过窗帘这样挂在窗户前吗？"

我随着他的视线向窗子望去，看到窗帘的下摆滞留在空中，似乎是被风吹起了一角而没有落下来。

"从来没见过。"我如实答道，"真是太奇怪了！"

"看这儿！"他一边说着，一边松开了手中的玻璃杯。

我下意识地退后一步，以为那杯子会掉在地上跌得粉碎，可是杯子却浮在了半空中。

"您当然知道，"吉本解释道，"自由下落的物体第一秒会下落5米。这个杯子也正处于这5米距离的下落过程中。不过，你是明白的，到现在还没有过去1/100秒的时间。[这里同样需要注意的是，在第一秒的第1个1/100秒，自由落体不是下降5米的1/100，而是5米的1/10000（根据公式$s = gt^2/2$可得）。]怎么样，您知道我的"加速剂"的神奇力量了吧。"

杯子在缓慢地落下。吉本的手在杯子周围舞动着，一会儿在杯子上方，一会儿又在杯子下方。

我向窗外望去，有一个"静止不动"的骑自行车的人，正在追赶着一辆同样是"一动不动"的四轮马车，骑车人身后扬起一阵"凝固"的尘土。

我们的注意力被一辆像石雕一样完全一动不动的公共马车所吸引：车轮的边缘、几条马腿、马鞭的末梢以及车夫的下颌（他正开始打哈欠），所有这些，虽然很慢，但确实在动着，然而这个笨重的马车上的其他东西则完全凝固在那里，乘客们像雕像一般坐在那里。

一个凝固在那里的人，应该是想借助风力把报纸折起，但是对我们来说，却丝毫感觉不到有风在吹。

从那时起，我所讲到的、所想到的，以及所做出的一切，都是"加速剂"渗透到我机体之后所发生的事，这些，对于其他人和整个宇宙来说，都只是在眨眼之间所发生的事。

也许读者很有兴趣知道，现代科学仪器能够测量到的最短时间段是多少？早在20世纪初，人类就已经可以测量出1/10000秒的时间间隔，今天，物理学家们在实验室中有能力测量出1/100000000000秒来，这个时间跟1秒钟相比，相当于拿1秒钟与3000年相比！

时间放大镜

威尔斯在写《新型加速剂》这篇小说的时候，恐怕连他自己都没有想到，类似的事情有一天会在现实中实现。但是这位作家还是有幸活到了这一天，可以用自己的双眼，当然，只是在电影银幕上，看到自己从前用想象力勾画出来的画面。这个所谓的"时间放大镜"，可以在电影银幕上把很多平时发生得很快的事情以慢动作的形式呈现出来。

"时间放大镜"就是一台摄像机，与每秒钟拍摄24个画面的普通摄影机不同，这台照相机在一秒钟内能够拍摄出数倍于24张的照片来。如果我们还是用每秒钟24帧的放映速度，将用"时间放大镜"拍摄的影片放映到电影银幕上，观众们就可以看到被拉长了的动作，也就是比正常动作慢了很多倍的动作。想必，读者一定在电影银幕上看到过慢动作的跳跃和其他放慢的动作。借助于更加复杂的同类仪器，我们已经能够获得比这还要慢得多的速度，甚至可以基本还原威尔斯小说中所描述的场景了。

什么时候我们围绕太阳运动得更快些：白天，还是夜晚？

有一天，在巴黎的报纸上刊登出这样一条广告，广告中承诺，每一个付费25生丁的人，都可以购买到一种既可以廉价旅游，又不会在旅游中感到丝毫疲惫的方法。果然有一些人轻信了这则广告，并按要求寄去了25生丁，然后这些人都从邮局收到了回信，回信的内容是这样的：

"亲爱的公民，请您静静地躺在自己的床上，并记住：我们的地球是在旋转着的，巴黎位于北纬49度，您在这里一昼夜可以行进25000千米。假如您喜欢欣赏如画的风景，就请您拉开窗帘，尽情享受窗外美丽的星空吧。"

受骗者将这个恶作剧的人以欺诈罪名起诉到了法院，肇事者在听完宣判并支付了所处的罚金后，站了起来，像在剧院中表演一样郑重其事地重复了一遍伽利略的名言：

"可是，不管怎样，她确实是在转呀！"

从某种意义来说，这位被告人的确没有错，因为地球上的居民不仅仅以绕着地轴旋转的方式"旅游"，而且还被地球带着以更快的速度围绕太阳转动。我们的星球带着它的所有居民在宇宙空间中每秒钟行进30千米，同时还围绕着地轴不停旋转。

鉴于此，我们可以提出一个非常有趣的问题：什么时候我们围绕太阳运动得更快些：白天，还是夜晚？

这个问题会让人感到困惑：要知道在地球上总是一面是白天，另一面是夜晚，我们提出的这个问题究竟有什么意义呢？从表面上看，确实没有任何意义。但实际上事情却不是这么简单的。要知道我们问的不是整个地球什么时候转得更快些，而是我们这些地球上的居民，究竟在什么时候在星际之间移动得更快一些。在这种前提下，这个问题就不再是完全没有意义的了。在太阳系中，我们完成两种运动：首先围绕太阳公转，同时还围绕地轴自转。这两种运动叠加在一起，结果就不尽相同了，这就要看我们是位于地球上白天的半球、还是位于黑夜的半球。看一下图6，您就会明白，在午夜的时候地球的自转速度要和它的公转前进速度相加，但是在正午的时候恰恰相反，要从地球的公转前进速度中减去它的自转速度。这就是说，如果只考虑在太阳系中的情况，我们在午夜的运动速度与在正午的运动速度相比，要快一些。

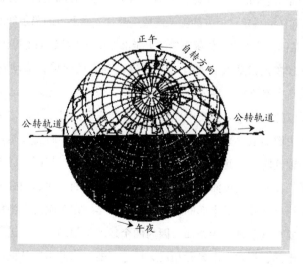

图6　地球上处于夜晚那半边的人们绕太阳运行的速度，要比处于白天那半边的人们快

由于赤道上每个点每秒钟可以行进0.5千米，所以在赤道带上，正午和午夜的速度差值可以达到每秒钟整整一千米。精通几何学的人不难计算

出，在圣彼得堡（该城市位于北纬60°）这个速度差值要比在赤道上小一半；也就是说，以太阳系作为参照，圣彼得堡的居民们在午夜要比在正午时每秒钟多行进0.5千米。

车轮的谜题

请将一张彩色的纸片固定在推车车轮的轮圈侧面（或者贴在自行车轮胎的侧面），在推车（或者自行车）行进时观察这张纸片，您就可以观察到一个十分有趣的现象：当纸片位于滚动着的车轮的下半部时，这个纸片是清晰可见的；而当纸片转到车轮上半部时，您还来不及看清楚，它很快就闪过去了。

给人的感觉就好像是，车轮的上半部要比下半部运动得更快些。如果您随便找一辆行进中的马车，比较滚动着的车轮的上方辐条和下方辐条，就可以观察到同样的现象：上方的辐条连成一整片，而下方的辐条却是根根可辨的。事情又回到了这里，仿佛车轮的上半部要比下半部运动得更快些。

这种现象的谜底究竟是什么呢？谜底其实很简单，滚动着的车轮上半部分确确实实要比下半部分运动得要快一些。乍看起来，这个事实是令人难以置信的，但是只要简单地分析一下，我们就可以相信这个结论是正确的了。我们知道，滚动着的车轮上的每一个点都同时完成两种运动：围绕车轮中轴旋转，与此同时，和中轴一起向前行进。与前面讨论过的地球运动一样，我们在这里面对的也是两个运动的叠加，而运动叠加的结果就造成了车轮上半部和下半部的运动速度不一样。在车轮的上半部，车轮的旋转运动要与其前进运动相加，因为两个运动是朝同一方向进行的。而在车轮的下半部，旋转运动是朝相反方向进行的，因此需要从前进运动中减去。这就是为什么在一个静止的观测者看来，车轮的上半部要比车轮的下半部运动得要快一些。

让我们再做一个简单的实验来证明上面的结论的确是正确的，这个实验是很容易完成的。把一根木棒垂直插入小车车轮旁边的地上，让这根木棒从侧面看来恰好通过小车车轮的轴心。然后用粉笔或者炭笔在车轮轮缘的最上部和最下部各做出一个标记，从侧面看来这两个标记正好位于木棒与车轮轮缘重合的地方。现在，我们把小车向右稍微推走一点点（图7），让车轮的轴心驶离木棒20~30厘米的样子，这样我们就可以观察到前面所做的标记是怎么移动的了。结果表明，位于车轮轮缘上方的标记A移动的距离，要远远超过位于车轮轮缘下方的标记B移动的距离，而且这时标记B只是稍微离开木棒一小段距离.

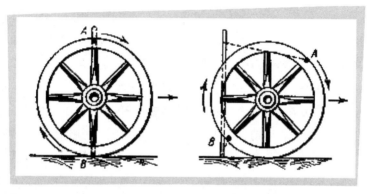

图7　比较一下滚动后车轮上的标记点A和B与未移动的木棒之间的距离（右图），

我们就可以证明，的确车轮的上半部要比车轮下半部运动得更快些

车轮上最慢的部分

　　通过上面的讨论我们已经知道，行进中的车轮上的所有点并不是以同样的速度向前运动，那么一个旋转着的车轮上的哪一部分是移动最慢的呢？

　　不难猜测，车轮上移动最慢的是那些当时与地面接触的点。严格来讲，在与地面接触的一瞬间，车轮上的这些点是完全没有移动的。

　　当然，以上所说的结论只是对在地面上滚动前行的车轮来说是正确的，而对于在静止转轴上旋转的车轮来说，这个结论就不对了。例如，在一只飞轮上，轮缘上部的点和轮缘下部的点都是以同样的速度运动的。

这不是个开玩笑的问题

这里还有一个更有趣的问题：在一辆行驶的火车上，譬如说在一辆从圣彼得堡开往莫斯科的火车上，是否存在这样一些点，相对于火车路基来说，是朝相反方向运动的，也就是从莫斯科向圣彼得堡方向运动？

是的，在任意瞬间，在每个火车车轮上，都有这样朝相反方向运动的点。那么，这些点究竟在火车车轮的什么地方呢？

您当然知道，火车的车轮边缘上有一个凸出的边（凸缘），就是位于这个凸缘下部的点，在火车向前行进时绝对不是向前走的，而是向后走。

这个是不难证实的，让我们做一个小实验。找一个小圆片，比如一枚硬币或者纽扣，用蜡把一根火柴棍粘在这个小圆片上，要沿着小圆片的半径粘这根火柴棍，并且让很长一段火柴棍伸到小圆片的外面。现在，我们把这个小圆片放在直尺边上，在点C的位置（图8），按住，然后把这个小圆片从右向左略微滚动。这时可以看到，火柴棍上伸到圆片以外的那些点F、E和D并不是向前移动，而是向后。火柴棍上距离小圆片边缘越远的点，在小圆片向前滚动时的倒退现象就越明显（D点移动到了D'位置）。

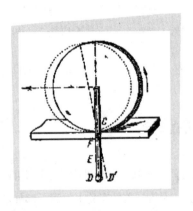

图8　圆圈与火柴棍的实验。在这里轮子是向左边滚动的，然而火柴棍上伸到轮外的那部分上的点F、D、E却是向相反方向移动的

火车车轮凸缘上点的运动情况，同我们这个实验中火柴棍上伸到圆片以外的那部分的运动情况是相同的。

现在您不应该觉得奇怪了吧，在火车上的确存在着不是向前运动、而是向后运动的点。

当然，这个反方向的运动只会持续几分之一秒，但是不管怎么说，前进中的火车上还是可以观察到反方向的运动，这和我们平时的印象是不一样的。这个结论，在图9和图10上可以找到很好的解释。

图9　当火车车轮向左滚动时，车轮凸缘的下部却是向右运动的，
也就是说，是朝相反方向运动的

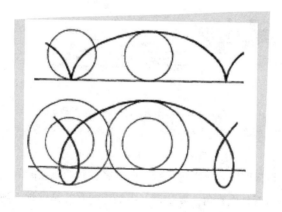

图10　本图上方给出的曲线是旋轮线，车轮边缘上的每一个点，
在车轮向前滚动时都会画出一条这样的旋轮线。而下方给出的，
是火车车轮凸缘上的点在火车前进时画出的曲线

小船是从哪里驶过来的?

想象一下这样的场景:一艘小舢板在湖面行驶。在图11上,我们用 →a 来表示这艘小舢板的行驶方向和速度。在垂直的方向上驶来一艘帆船,我们用 →b 来表示帆船的行驶方向。亲爱的读者朋友,假如有人问您,这艘帆船是从哪里起航的,您一定会立即指出湖岸上的 M 点来。但是,假如我们向坐在小舢板上的乘客提出同样的问题,那么他们肯定会指出完全不同的一个点来,这是为什么呢?

图11　帆船的行进方向与小舢板的行进方向是垂直的。
→a 和 →b 表示两艘船的行进方向。小舢板上划桨的人会看到什么

为什么会这样呢?这是因为小舢板的乘客看到的帆船的前进方向,与自己的前进方向不是成直角。要知道,小舢板的乘客是感觉不到自身的运动的:他们觉得自己似乎是停在原地不动的,而周围的一切是按照小舢板的速度向相反方向运动。所以对小舢板上的乘客来说,帆船不仅仅是沿着 b 的方向移动,而且还沿着与小舢板行进方向相反的方向 a 移动(图12)。帆船的这两种运动——实际运动和视运动是按照平行四边形法则叠加的,叠加的结论就使小舢板上的乘客产生错觉,他们会觉得帆船是沿着由 a 和 b 组

成的平行四边形的对角线方向行驶的。也正是由于这个原因，小舢板的乘客会认为帆船根本不是从湖岸上的*M*点出发的，而是另外一个*N*点，而这个*N*点要比*M*点沿小舢板行进方向更往前一些（图12）。

图12 划桨人感觉帆船不是垂直驶向自己，而是斜着驶来——也就

是从*N*点驶来，而不是从*M*点驶来

当我们随着地球沿其轨道进行公转时，如果我们根据自己看到的星体发出的光亮来判断这些星体的位置，就会犯同样的错误，原因与小舢板乘客不能正确判断帆船出发位置是相同的。所以，我们感觉到的星体位置，要比其实际位置沿地球运动方向稍微往前一些。当然，地球的运行速度与光速相比实在是太小了（只相当于后者的1/10000），所以实际上星体的视偏移并不大，但还是可以用天文仪器观测到的。这种现象被称作光行差。

假如这类问题让您产生了浓厚的兴趣，那就让我们在原来的小舢板和帆船问题的命题条件下，尝试一下回答下列几个问题：

（1）对于帆船上的乘客来说，小舢板是沿着什么方向行进的？

（2）帆船上的乘客觉得小舢板是驶向哪里的呢？

为了回答这两个问题，您需要在图12上画出一个平行四边形，这个平行四边形对角线所指的方向，就是帆船乘客所认为的小舢板的行驶方向。对帆船上的乘客来说，小舢板是斜着前进的，就像是准备登岸一样。

第二章
重力和重量·杠杆·压力

请站起来

如果我说："请您现在坐到椅子上去，就算不把您捆在椅子上，您也不可能站起来。"您一定认为我是在和您开玩笑。

好吧，请您坐下，并像图13上画的人那样坐好，也就是说，把躯干挺直，也不要把双脚伸到椅子下面去。好了，不要改变双脚的位置，也不能把身体向前倾，请您试着站起来。

图13　用这种姿势根本不可能从椅子上站起来

怎么样，站不起来吧？只要是不把双脚移到椅子下面或者不把身体向前倾，无论您花多大力气，都不可能从椅子上站起来。

想要搞清楚这究竟是怎么回事，我们需要先聊一些关于物体平衡的问题，其中也包括人体平衡的问题。对于一个直立着的物体来说，只有在经过其重心引出的垂直线落在该物体支撑面之内时，这个物体才不会倒下。所以如图14所示的斜圆柱体，毫无疑问是会倒下去的，但是如果这个斜圆柱体的支撑面足够宽，从重心引出的垂直线就可以落在底面之内，这时这个斜圆柱体就不会倒下了。著名的比萨斜塔、博洛尼亚斜塔以及阿尔汉格尔斯克的"斜钟楼"（图15），虽然是倾斜的，但却都没有倒下，同样是因为从这些建筑重心引出的垂直线没有越出其基座之外的缘故。当然，还有另外一个次要原因，那就是这些建筑物的地基是深埋地下的。

图14　这样的圆柱体是一定会倒下的，因为从圆柱体重心引出的垂直线是从其支撑面之外通过的

图15　坐落于阿尔汉格尔斯克的"斜钟楼"（摘自一张老照片）

一个站着的人，只要从他的重心引出的垂直线位于其双脚外缘所圈出的那块面积之内，他就不会倒下。因此，用一只脚站立是有一定难度的，而站在钢丝上就更加困难了——这是因为支撑面很小，从重心引出的垂直线很容易越出支撑面的缘故。您注意到那些有经验的老水手们走路时的古怪姿势了吗？这些人几乎一生都生活在摇摆不定的船上，在那里从重心引出的垂直线每时每刻都有可能越出双脚圈出的空间范围之外，所以他们养成了这样的走路习惯，就是让身体的支撑面尽可能的大（双腿尽量分开），这样他们才能在颠簸的甲板上站稳。当然，他们在陆地上也保留了这样的走路习惯。我们还可以举出一些相反的例子，在这里身体平衡是保持优美姿态的前提。您注意到了吗，那些头顶重物的人，走路的姿势是多么协调。所有人都知道头顶水罐的妇女雕像是多么优美。她们头顶着水罐，所以必须保持头部和躯干笔直，一个小小的倾斜，都有可能导致重心（这时的重心要比在一般情况下高一些）偏离支撑面范围，平衡的姿态就会被破坏。现在，还是让我们再次回到那个从椅子上站起来的实验上来。人坐着的时候，他的重心位于身体内部接近脊柱的位置，比肚脐高出大约20厘米。让我们从这个点垂直向下引一条直线，这条直线一定穿过椅子，落在双脚的后面。然而人要想站起来，这条线就一定要穿过他双脚之间的区域。

图16　人在站立的时候，从人体重心引出的垂直
线一定穿过其双脚所圈出的这块面积

所以说，如果我们想从椅子上站起来，必须把胸部向前倾，这样可以使重心前移，或者把双脚向后伸，这样可以使重心落在支撑面之内。而我们平

时从椅子上站起来的时候，正是这样做的。但是如果像在前面实验中描述的那样，既不允许我们把身体前倾，又不允许把脚向后伸，就很难办了。

行走与奔跑

对自己一生中每天都要做成千上万遍的事情，我们应该是非常熟悉了。几乎所有人都会这么认为，但实际上并非如此。最好的例子就是行走和奔跑，还有什么能比这两种运动更让我们熟悉的呢？但是，说实在的，又有多少人明确知道，我们在行走和奔跑时是怎样移动自己身体的，这两种运动究竟又有什么不同呢？让我们来听一下生理学上是怎样定义行走和奔跑的吧，我相信对大多数人来说，这样的描述还是很新鲜的。

假设一个人用一只脚站立着，比如是右脚，自己想象一下，他抬起了脚跟，同时躯干向前倾斜。这时，行走的人在脱离支撑点时，除体重之外，对支撑点还要施加额外的压力。从这里可以看出，人在走路时对地面的挤压要超过站立时（图17）。

图17　在行走时人体姿势的连续变换

在这样的姿势下，从人体重心引出的垂直线很显然要越出支撑面的范围，这时人就会向前倒。但是，就在刚刚要开始跌倒的时候，原来停在空中的左脚很快移到了前面，并且落在了重心垂直线前面的地面上，从而使重心垂直线落在了两个支撑脚重新圈出的面积范围内。这样，身体平衡重新恢复，人也就向前迈出了一步。图18上面那条曲线对应其中一只脚，下面的曲线对应另外一只脚。直线对应的是脚支撑在地面时的瞬间，而弧线则对应的是非支撑脚的运动瞬间。从图中可以看出，在时间段a，双脚都支撑在地面上；而在时间段b，A脚在空中，而B脚继续支撑着人体；在时间段c，双脚重新站立在地面上。人行走得越快，时间段a和c就越短（可以与图20中的奔跑示意图对比着来看）。

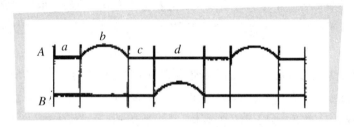

图18 人行走时双脚运动的图示

这个人当然可以继续保持这个十分乏味的姿势，但如果他还想要继续前进，就需要把身体再次向前倾，使从身体重心引出的垂直线超出支撑范围，并在就要向前跌倒的时候重新向前迈出一只脚，但这时已经不是伸出左脚，而是要伸出右脚，于是就又向前迈出了一步，就这样一步一步向前行进。所以，行走可以看做是一连串重复的动作：前倾，然后及时地把后面的脚放到前面作为支撑……

图19为人的奔跑图。在奔跑时人体姿势的连续变换，存在双脚都不进行支撑的瞬间。

图19 人是怎样奔跑的

让我们更加细致地分析一下这个情形。假设第一步已经迈出了，在这一瞬间，右脚还与地面有接触，而左脚已经落在前方的地面上。

从图20可以看出，人奔跑的时候，存在双脚同时腾空的瞬间（b、d、f）。这就是奔跑与行走的区别。

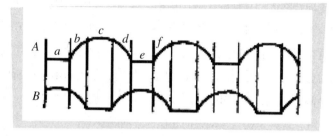

图20　人奔跑时双脚运动的图示（可以与图18对比来看）

但是，如果这一步迈得不是很小，右脚脚跟就应该是已经抬起来的，因为正是这个抬脚跟的动作使身体向前倾，从而破坏了身体平衡。左脚是脚跟先着地的，紧接着整个左脚脚掌落在地面上，而右脚就会完全腾空，这时，左腿的膝部还是略微弯曲的，但在股四头肌收缩的作用下就会伸直，并在这一瞬间变成垂直状态。这样，半弯曲的右脚就可以向前运动，不至于接触地面，并随着身体向前，正好在准备迈出下一步之前落在地面上。

这个时候的左脚，只有脚趾还踩在地面上，它会紧跟着抬起到空中，并重复与右脚类似的一连串动作。

奔跑与行走的区别在于，原来站在地面上的那条腿，凭借肌肉的强力收缩，会突然伸长并将身体向前抛出，在这一瞬间身体会完全腾空，而当身体还在空中时，另外一只脚就会快速地移动到前方，然后脚落在地面上。这就是说，奔跑可以看作是从这只脚到另外一只脚的一连串的跳跃。

至于人在平地上行走时所消耗的能量，并不像某些人想的那样等于零：因为人每走一步，他的重心都会提高几厘米。通过计算可以得出，人在平地上行走时所做的功，差不多相当于把步行之人抬起到与他所走距离相等高度时所做的功的1/15。该计算过程可以在1914年出版的V.P .格里亚奇金教授的小册子《生物发动机的功》中找到。

应该怎样从行进的车厢中跳下来？

无论向什么人问这样的问题，您都会得到这样的答案："当然是按着运动方向向前跳，这样才符合惯性定律吗。"然而如果您请求对方详细地解释一下这个惯性定律，我可以断定，必然会出现这样的场景：您的这位同伴开始时会十分自信地证明自己的想法，然而，如果您不去打断他，对方很快就会陷入困惑，因为正是由于惯性的存在，从车上跳下的时候反倒是应该向后跳，也就是朝与运动方向相反的方向跳！

事实上，在这种情况下，惯性作用所扮演的只是配角，而主角则是另外的一个因素。如果我们把这个主要的因素忘掉了，那么真的就会得出这样的结论：应该向后跳，而不是向前跳。

假设您必须从行进的车子上跳下来，这时候将会发生什么情况呢？

如果我们从行进的车厢中跳出来，当我们的身体在与车厢脱离的时候，会具有与车厢一样的运动速度（由于惯性，我们的身体会继续运动）并继续向前运动。假如我们是向前跳，我们当然不能消除这个速度，恰恰相反，我们还加大了这个速度。

这样看来，似乎可以得出结论：应该向后跳。要知道我们向后跳时，跳下的速度，是需要从我们身体获得的惯性速度中减掉的，这样在落地的时候与地面相撞的力量会小一些，更不容易跌倒。

但是事实上，在不得不从行进的车辆中跳下的时候，所有的人都是沿着车子前进方向向前跳。无数次的实践证明，这是跳车的最好方法。我们在这里坚决奉劝各位读者，在从行进的车辆中跳下时，千万不要尝试这种非常别扭的向后跳的方法。

那么，这究竟是怎么回事呢？

原因就是前面关于向后跳车的论述是不正确的，是不完整的。无论在跳车时是向前跳还是向后跳，我们都有跌倒的危险，因为脚在落到地面以后会停止运动，而我们躯干的上半部分还在向前运动（在这里可以用多种观点来解释为什么会跌倒，可以参考《趣味力学》第三章的"什么时候水平线并不水平"一节）。而在我们向前跳车时，身体的运动速度的确比向后跳车时要大，但是向前跳还是比向后跳安全得多，因为当我们向前跳车的时候，我们会习惯性地把一只脚伸向前方（如果车厢的运动速度比较快，就可以向前跑好几步），这样就可以避免跌倒。我们已经习惯了这个动作，因为一生中我们都是这样走路的：在上一节中我们就已经了解到，从力学的角度来看，行走实际上就是由"一连串的身体向前倾倒以及及时地迈脚来避免跌倒"动作组成的。假如我们从车上向后跳，我们的脚就不能做出迈步的动作以防止跌倒，所以这样做的结果，就是跌倒的危险性反而更大了。最后，还有很重要的一点，那就是即使我们向前跌倒了，也可以伸出手来支撑一下，这样摔伤的程度也要比后背着地摔倒要轻得多。

现在我们就清楚了，之所以说从车上向前跳要安全一些，并不能用惯性定律找到答案，更多的是由于我们自身的原因。当然了，对于没有生命的物体，这个向前跳的原则就不适用了：我们从车厢中向前扔出的玻璃瓶，落地的时候远远要比向后扔更容易摔碎。所以，如果您由于某种原因不得不从车厢中带着行李跳出来，您应该先把行李向后扔下去，然后您自己向前跳出来。

像火车乘务员和公交车检票员这样有经验的人，通常采用这样的方法从车上跳下：面向车辆前进方向向后跳。这样做有两点好处：一来减小了我们身体按照惯性所获得的速度，二来可以避免仰面摔倒所带来的危险，因为这时跳车人是面朝可能摔倒的方向的。

用手抓住一颗子弹

报纸上曾经刊登过这样一则报道，战争时期，在一名法国飞行员身上发生了一件不可思议的事情：这名飞行员在两千米高空飞行的时候，发现在距离自己脸很近的地方有一个小东西在运动，他以为是一个昆虫，于是很灵巧地一下子把这个东西抓在了手里。您能想象得出这名飞行员当时有多么惊诧吗？原来，他抓在手里的竟然……是一颗德军的子弹！

这难道是真的吗？这个故事与传说中的敏豪森男爵用双手抓住炮弹的奇谈怪论有着多么惊人的相似。

然而，这名飞行员的神奇经历——用手抓住一颗飞行的子弹，却是完全有可能的。

要知道，子弹并不是始终以每秒钟800~900米的初始速度飞行，由于空气的阻力，子弹的飞行速度会逐渐降低，在飞行路径的末端——尾势阶段，子弹的飞行速度大约只有每秒钟40米左右。也就是说，完全有可能出现这样的情况，即子弹和飞机具有相同的飞行速度。在此时，相当于对飞行员来说，这颗子弹就可能是完全静止不动的或者只是轻微地在动，那么用手抓住它，就根本不是什么困难的事了，尤其是飞行员还带着手套，可以不惧怕子弹在空气中飞行时产生的高温。

西瓜炮弹

如果说在特定的条件下一颗子弹可以变成对人没有威胁的东西，那么也可能存在与之相反的情形：以不太大的速度将一个"友善"的物体抛出，却能够造成毁灭性的伤害。在1924年举办的圣彼得堡—第比利斯汽车拉力赛上，高加索村庄的农民们，为了向身边飞驰而过的汽车表示欢迎，向汽车抛掷西瓜、甜瓜和苹果。这些看起来十分友好的礼物，却造成了悲剧性的结果：这些西瓜和甜瓜把车身砸凹、甚至砸坏了，而掷到乘客身上的苹果，则把乘客砸成了重伤。产生这样严重后果的原因很简单：汽车自身的速度加上掷出的西瓜或者苹果的速度，把这些水果变成了危险的、破坏力很大的炮弹。我们不难计算出，一颗射出的10克重的子弹所具有的动能，与一个4公斤重的西瓜，掷向以每小时120千米速度飞驰的汽车时所具有的动能是差不多的。当然，在这种条件下，西瓜不具备子弹那样的穿透力，因为西瓜是没有子弹那样的硬度（图21）。

图21 迎面掷向高速飞驰汽车的西瓜，变成了一颗颗"炮弹"

　　航空航天科技的发展，使飞行器在大气层上层（即所谓的平流层）进行高速飞行成为可能，飞机的速度可以达到每小时3000千米，也就是说能够达到同子弹一样的速度，这时候飞行员就必须面对与前面"西瓜炮弹"类似的情况，也就是，任何一个出现在超高速飞行的飞机行进路线上的物体，对这架飞机来说，都会变成毁灭性的炮弹。如果从另外一架飞机上掉落几颗子弹，就算不是迎面飞来，对这架飞机来说，也与从机关枪射出的一束子弹没有什么区别：掉落的子弹对飞机的撞击力量，与用机关枪射入这架飞机的子弹的力量一样。这是因为在这两种情况下的相对速度是相同的（子弹和飞机以大约每秒钟800米的速度相互接近），所以碰撞后的破坏后果也是一样的。

　　与此相反，我们已经知道，如果子弹跟在飞机后面以与飞机同样的速度飞行，这颗子弹对飞行员来说就是没有任何威胁的。也就是说，如果两个物体以差不多相等的速度朝着相同的方向运动，二者接触的时候就不会产生严重的碰撞。在1935年，聪明的火车司机博尔谢夫正是利用这种原理，用自己的火车截住了一列有36节车厢的列车，从而避免了一场严重的铁路事故。

　　事情发生在南方铁路上的耶尔尼科夫站至奥尔尚卡站之间，当时的情形是这样的：在博尔谢夫驾驶的火车前面行驶着另外一列火车。由于前面火车的蒸汽不足，司机就把火车停了下来，把36节车厢摘下，然后将火车头与前面几节车厢开到前方的车站去了，剩下的36节车厢就被留在了铁轨上。由于这些车厢的下面没有放置垫木，所以车厢就沿着斜坡以每小时15千米的速度滑了下来，眼看就要与博尔谢夫驾驶的火车相撞了。博尔谢夫看到这种危险情况，急中生智，马上停下了自己的火车并开始倒车，并逐渐将车速提高到每小时15千米。正是采用这样的办法，博尔谢夫用自己的火车稳稳接住了那36节失控的车厢，毫发无损。

有一种方便在行进的火车上写字的装置，正是基于这种原理制造出来的。在火车上写字是一件很困难的事情，因为车轮滚过铁轨接缝时产生的振动会传到纸和笔尖上。如果做出这样一个装置，能够使纸和笔同时接受这个振动，那么笔和纸就会是相对静止的，这样在行进的火车上写字就不会是一件困难的事了。

借助于图22中画出的设备就可以达到这样的目的。拿笔的手被绑在一块小木板a上，这块小木板可以在板条b的槽里滑动，而板条b则可以在另外一个木框的槽里滑动，需要写字时，就将这个木框放在车厢里的小桌上。就像我们看到的，手还是能够灵活动作的，可以一个字母接一个字母、一行字接一行字地书写；这时候，木框上那张纸所受到的每一个震动，都会同时传到握笔的手上。在这种情况下，在行进的火车上写字就与在静止的火车上写字一样方便，只有一点小麻烦，那就是眼睛看到纸总是在不停跳动，这是因为头部和手不是同时接受震动的。

图22　在行进的火车上方便写字的辅助设备

站在秤台上

在什么情况下，一台十进制的体重秤能够准确地显示您的身体重量呢？答案是只有您一动不动地站在秤台上的时候。如果您弯一下腰，就会发现，在您弯腰的那一刻体重秤显示的重量减少了，这是为什么呢？原因就是，肌肉在将躯干上半部分向下弯曲的同时，也将身体下半部分向上提升，这样就会减少下半身对身体支撑点施加的压力。与此相反，在您停止弯腰那一刻，同样还是在刚才把身体两部分分开动作的那些肌肉的作用下，下部身体对秤台的压力加大，您就会看到体重秤显示的重量明显增加了。

如果这台体重秤的灵敏度很高，即使您只是抬一下手，体重秤也会显示您的体重略有增加。这是因为将手臂向上抬起的肌肉是以肩为支撑的，抬手臂的动作会把肩以及躯干向下压，这样作用在秤台上的压力就会加大。在停止抬手臂动作的时候，相反的肌肉就会开始作用，把肩向上提拉，使之尽量接近手臂的末端，因此人的体重、人体对支撑点施加的压力就会随之减少了。

相反的，如果把手臂放下，我们的这个动作就会引起体重的减少，而在手臂停止动作的一瞬间，体重又会增加。总而言之，在内部力量的作用下，我们可以增加或者减少自己的体重，当然，这里的"体重"指的是施加于支撑点的压力。

物体在什么地方会更重一些

地球对物体的吸引力，会随着物体距离地面高度的增加而减少。如果我们把一个1公斤重的砝码提升至6400千米的高度，也就是使这个砝码至地心的距离增加到地球半径的2倍，地球的引力就会减弱到1/4，如果用弹簧秤来称这个砝码，就会显示250克，而不是1000克了。根据万有引力定律，在计算地球对外界物体的吸引力时，可以把地球看做是一个全部质量都集中在地心的质点，而吸引力的大小与物体至地心距离的平方成反比。在我们刚才的示例中，砝码至地心的距离增加到原来的2倍，因此地球引力也就减弱到1/4。如果把砝码拉远至距离地球表面12800千米的高度，也就是至地心的距离增加到原来的3倍，这时引力就会减弱到原来的1/9；这时候，1000克重的砝码，在弹簧秤上就变成总共只有111克了。

那么这时候我们就会很自然地产生一个想法：如果把砝码放置到地球深处，也就是更接近我们这个星球的中心，我们就应该观察到引力的增强——砝码在地下深处的称重会更大。但是这个猜测是错误的：物体在地下越深，它的称重不但不会增加，恰恰相反，却变小了。

这个现象的解释是这样的：在这种情况下，地球的引力粒子已经不是全部分布在物体的一侧，而是分布在其各个方向上。看一下图23，您就会发现，放置在地下深处的砝码，会受到位于砝码下方的引力粒子的向下吸引力，但是与此同时，砝码也会受到位于砝码上方的引力粒子的向上吸引力。可以证明，物体最终受到的引力作用，只相当于一个半径为地心至物体所处位置距离的球体产生的引力，因此，物体进入地下越深，它的重量就减少得越快。如果物体的深度达到了地心，则重量会完全消失，成为一个失重的物体，因为在地心，周围粒子从所有方向上对物体的引力是相等的。

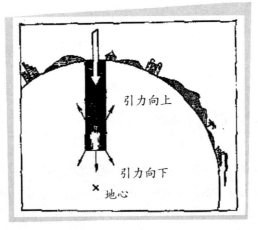

图23　为什么随着深入地下的深度的增加，引力会减弱

这就是说，恰好是在地球表面上的时候物体的称重是最大的，无论是升到空中还是深入地下，物体的重量都会减少。当然，只有在地球的密度一致的情况下才会出现这样的现象。实际上，距离地心越近，地球的密度越大。因此，随着物体向地下不断深入，在最初的某一段距离内引力是增加的，随后才开始减少。

物体在下落时有多重?

您有没有注意到，在电梯开始下降的瞬间，您会体会到一种奇怪的感觉：一种不正常的轻飘飘的感觉，就像一个人跌向深渊时一样……这不是别的，正是一种失重的感觉：在电梯开始下降的那一刻，脚下的地板已经降落，而您的身体还没有来得及获得这样的下降速度，这时身体几乎没有对地板施加压力，因此这一瞬间的体重就会变得非常小。片刻后，这种奇怪的感觉就会消失，因为身体的下落速度要比匀速下降的电梯更快，您就会重新对地板施加压力，从而恢复到原来的重量了。

将一只砝码挂在弹簧秤的钩子上，并把弹簧秤连同砝码一起快速放下去，注意观察弹簧秤的指针向什么方向移动（为了便于观察，可以把一个小木块嵌入弹簧秤的缝隙里，观察小木块的位置变化）。您将会看到，在弹簧秤落下的时候，指针所指示的并不是砝码的全部重量，而是要少很多。当弹簧秤以自由落体方式下落的时候，如果有条件在弹簧秤降落时观察到它的指针，您就会发现，砝码在下落过程中完全没有重量，指针位于弹簧秤的零刻度上。

即使是最重的物体，在它下落的时候也会变得完全没有重量，这一点是很容易搞明白的。"重量"就是物体对它的悬挂点所施加的下拉力，或者对它的支撑点所施加的压力。然而自由下落的物体对弹簧秤没有施加任何拉力，因为弹簧秤也是随着该物体一同下落的。物体在自由下落的过程中，既没有拉着任何东西，也没有压着任何东西，所以如果这个时候我们问"物体在下落过程中的重量是多少"，就相当于在问"没有重量的物体有多重"。

早在17世纪，力学的奠基人伽利略就曾经写道（摘自《关于两门新科学的谈话和数学证明》，这部著名作品的俄文版出版于1934年）："我们可以感觉到肩上的重物，是因为我们在努力不让它跌落。但是假如我们以同样的速度和背上的重物一起下落，那这个重物还会压到我们吗？这就像我们想要用长矛刺一个人（当然不能将长矛掷出去），而这个人正以同我们一样的速度在前面奔跑。"

下面的这个简单易行的实验，可以十分直观地证明上述论断的正确性。

把核桃夹子放在天平的一侧秤盘上，让核桃夹子的一头静止在盘面上，另一头用细线悬挂在天平臂杆的挂钩上（图24）。在天平的另外一个秤盘上放置重物，使天平得到平衡。现在，点燃一根火柴把细线烧断，核桃夹子原来挂在挂钩上的一端就会落到秤盘上。

图24　演示自由落体失重现象的实验

那么，在这个瞬间天平会发生什么变化呢？在核桃夹子落下的过程中，这边的秤盘是会上升、下沉，还是会继续保持平衡呢？

您现在已经知道自由落下的物体是没有重量的，所以您一定会事先给出这个问题的正确答案：这一侧的秤盘会瞬间向上升起。

实际情况的确如此，核桃夹子被挂起的那一端，虽然是与另外一端连在一起的，但它在下落时对下端的压力，还是要比固定不动的时候对下端的压力小。核桃夹子的重量在这一瞬间减少了，这边的秤盘当然会向上升起了。

炮弹奔月记

1865~1870年间，儒勒·凡尔纳在法国出版了科幻小说《炮弹奔月记》，在这篇小说中有这样一个不同寻常的想象：把一个承载着活人的巨大"炮弹"发射到月球上去。儒勒·凡尔纳把自己的设想描绘得是那样地逼真，以至于大部分读者都产生了疑问：这种设想真的就不可能变成现实吗？这个问题讨论起来一定是非常有趣的。（现在，人造卫星和航天火箭都已经发射成功，我们可以肯定地说，我们会借助于航天火箭进行星际旅行，而不是炮弹。但是在最后一级点火后，火箭的运动规律是与炮弹的运动规律相同的。所以说，小说中的文字并没有落伍。——译者注）

首先，让我们来分析一下，究竟有没有可能——即使只是理论上的可能——炮弹在发射出去以后，永远也不会落回地球上来。理论上，这种可能性是存在的。的确，沿水平方向射出的炮弹最终都会掉落在地面上。为什么呢，因为地球对炮弹的引力使炮弹的运行轨迹产生了弯曲：炮弹并没有沿着直线飞行，而是沿着弯向地面的曲线飞行，所以或早或晚炮弹都会掉在地面上。事实上，地球表面也是弯曲的，但是炮弹轨迹的弯曲度更大。如果能够减小炮弹轨迹的曲度，使它与地球表面的曲度一样，那么这个炮弹就永远不会掉在地面上，而是会沿着地球的同心圆曲线运行，换句话说，就是成为地球的卫星，变成第二个月球了。

但是，怎么能让发射出去的炮弹沿着比地球表面弯曲度更小的曲线飞行呢？很简单，只要以足够的速度将炮弹发射出去就可以了。请注意图25，在这张图上画出的是部分地球的截面。

我们在一座高度可以忽略不计的山上架设一门大炮，假设是在A点。如果不存在地球引力，则水平发射出去的炮弹会在一秒钟后到达B点。但是地球引力改变了这种情况，在该引力的作用下，炮弹在一秒钟后不是到达B点，而是要比B点低5米，到达C点。5米，就是在地球引力作用下，每一个自由落体在第1秒钟内向地球表面下落的距离（在真空中）。假如这颗炮弹在下落5米之后，距离地球表面的高度与其在A点时的距地表高度一样，则

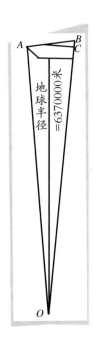

图25　如何计算可以永远飞离地球的炮弹的速度

这颗炮弹就是在沿着地球的同心圆飞行。

　　现在剩下的只是求出线段*AB*的长度（图25），也就是求出炮弹在1秒钟之内的水平飞行距离，这样我们就能够计算出，为了达到我们的目的，需要以怎样的秒速度将炮弹从炮膛中发射出来。这个计算并不复杂，可以从三角形*AOB*中得出：在这个三角形中，*OA*为地球的半径（大约是6370000米），*OC* = *OA*，*BC* = 5米，由此可以得出，*OB* = 6370005米。在这里，根据毕达哥拉斯定理（勾股定理）：$AB^2 = 6370005^2 - 6370000^2$。

　　计算后我们可以得出，*AB*的长度大约等于8千米。

　　那么，假设对高速运动有巨大影响的空气阻力不存在，以每秒8千米的速度水平发射出来的炮弹，就永远也不会掉落在地球上，而是像一颗卫星一样，永远绕着地球旋转。

　　那如果以更快的速度发射炮弹，它会飞到哪里去呢？天体力学证明，如果发射速度大于8千米/秒、9千米/秒，甚至10千米/秒，炮弹在射出炮膛以后将绕着地球沿椭圆轨道飞行，而且初始速度越大，椭圆就拉伸得越大。当发射速度达到11.2千米／秒时，炮弹将不再沿椭圆轨道飞行，而是沿一种非闭合曲线——抛物线飞行，就会永远离开地球了（图26）。

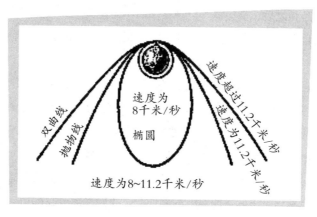

图26 初始速度为8千米／小时甚至更快的炮弹会飞向哪里

现在我们知道了，乘坐发射速度足够快的炮弹飞向月球，在理论上不是天方夜谭（这里可以提及一下，事实上存在着完全不同类型的难题，关于这些问题的详细讨论可以参看《趣味物理学》的第二部，以及作者的另外一本书——《星际旅行》）。

在上面的论述中，我们假设了大气不会对炮弹运行产生阻力。而在实际情况下，空气阻力的存在大大增加了获得这样高速度的难度，甚至导致这样的高速度根本无法达到。

儒勒·凡尔纳笔下的月球之旅以及这种旅行究竟应该是什么样的

凡是读过前面提到的儒勒·凡尔纳的小说《炮弹奔月记》的读者，一定还记得奔月旅行中的那个有趣瞬间，也就是当炮弹飞过地球引力和月球引力相等的那个点时的情形。在那里人们遇到了简直是童话般的情景：炮弹内的所有物件都失去了自身的重量，而那些旅行者，跳起来后就悬在空

中了，不需要任何支撑。

这里的描述是完全正确的，但是小说作者忽略了一点，在飞过这个等引力点之前和之后，都应该可以观察到同样的现象。我们很容易证明，从炮弹开始自由飞行的那一刻起，炮弹内的旅行者以及所有物体都应该处于失重状态。

这一点看起来好像是令人难以置信的，但是现在我相信，您一定会感到奇怪，为什么这么大的疏忽，以前读这部小说时自己竟然没有察觉到。

我们再举一个儒勒·凡尔纳小说中的例子。毫无疑问，您一定还记得，乘客们怎样把狗的尸体抛到外面，他们又怎样惊奇地发现，狗的尸体并没有落向地球，而是与炮弹一起向前继续飞行。小说家正确地描写了这个现象，也给出了正确的解释。的确如此，我们都知道，在真空中所有物体都是以同样的速度降落的：因为地球引力赋予了所有物体同样的加速度。在当时的情形中，无论是炮弹，还是狗的尸体，在地球引力的作用下应该获得相同的下降速度（相同的加速度）；更准确地说，他们在炮弹射出时获得的速度，在地球引力的作用下不断减小，但减小的速率应该是完全一样的。所以，炮弹和狗的尸体，在全程的速度都是一样的，所以从炮弹中抛出的狗的尸体，一定是跟着炮弹继续飞行，不会落后。

但是这位小说家却忽略了这样一个事实：如果炮弹外面狗的尸体没有落向地球，那么在炮弹内部的作者本人为什么会落在地面上呢？要知道，无论在炮弹外还是在炮弹内，作用着同样的引力呀！所以，即使把狗的尸体悬空放在炮弹内，它也会飘在空中，因为它具有与炮弹完全相等的速度，也就是说，狗的尸体相对于炮弹处于静止状态。这个道理既然对于狗的尸体来说是正确的，那么乘客的身体以及炮弹内部的所有物体，都应该处于这种状态下。在整个飞行过程中，这些物体都具有与炮弹相同的速度，所以即使没有支撑，它们也不会掉落下来。放在炮弹地面上的椅子，同样也可以四脚朝天地放在天花板上，它不会掉"下来"，因为椅子将随着天花板一起向前飞行。乘客们可以头朝下坐在这把椅子上，却一点也不会感觉到炮弹向地面掉落的趋势。有什么力量能让乘客掉下来呢？要知道，如果乘客真的掉下来了，正在接近地面，这就说明，炮弹在外空间的飞行速度大于乘客的速度（如果不是这样，椅子是不会接近地面的）。然而这是不可能的，我们知道，炮弹内的所有物体都具有同炮弹一样的加速度。

显然，小说家并没有注意到这一点：他认为，自由飞行的炮弹中的物体，还在引力的作用下继续向支撑点施加压力，就像炮弹还没有发射的时候一样。儒勒·凡尔纳忽略了一件事，那就是如果物体和支点在引力的作用下（不存在其他外力——牵引力、空气阻力）以同样的加速度在空间中运动，则它们是不可能相互施加任何压力的。

这就是说，从炮弹动力关闭的那一刻起，旅行中的乘客就不再具有任何重量了，他们能够自由地悬浮在炮弹的空间内，准确地讲，炮弹内的所有物体都应该是失重的。根据这个特征，炮弹内的乘客是可以判断出，他们是在外空间飞行还是停留在炮膛内一动不动。但是，小说家却写道，在太空旅行开始后的半个小时里，乘客们还在那里绞尽脑汁地思考一个问题：他们是不是在飞呢？

"尼科尔，我们现在在飞吗？"

尼科尔和阿尔当对望了一眼：他们都没有感觉到炮弹的震动。

"是啊！我们真的在飞吗？"阿尔当重复着。

"也许我们还稳稳地停在佛罗里达的地面上？"尼科尔问道。

"还是在墨西哥湾的海底下？"米歇尔补充道。

轮船上的乘客可能会有这样的疑问，但对自由飞行的炮弹中的乘客来说，提出这样的问题就有点不可思议了，要知道轮船上的乘客是能感觉到自身重量的，而炮弹中的乘客是不可能感觉到他们已经完全处于失重状态的。

这个幻想中的炮弹车厢是一个多么奇妙的东西啊！在这个小巧玲珑的世界中，所有物体都处于失重状态，在这里，从手中放下的东西还静静地停留在原地，在这里，无论在什么状态物体都会保持平衡，甚至弄翻瓶子，水也不会洒出来……所有这一切都被《环绕月球》的作者忽略了，否则这些惊人的现象将会给我们的作者提供多么大的想象空间啊！现在，从苏联和美国宇航员的讲述中，在太空拍摄的电影里，我们已经很了解失重状态下的工作和生活。另外，很多读者在电视上看到过从苏联宇宙飞船传来的直播节目，在那里失重现象十分常见。

用不准的天平测量出正确的重量

对于正确的称重来说，什么更重要：天平还是砝码？

如果您认为，天平和砝码同样重要，那您就错了：哪怕天平是不准的，但只要您手头有准确的砝码，就可以准确地称出重量。有很多可以使用不准确的天平称出准确重量的方法，这里我们只介绍其中两种。

第一种方法是伟大的化学家门捷列夫提出的。称重的过程是这样的：首先，在天平其中一个秤盘上放置一个重物——什么样的重物都可以，只要比我们要称的物体重就可以了。然后，在另外一个秤盘上放置砝码，使天平达到平衡。下一步，我们把被称物体放在有砝码的那边秤盘上，并开始取下砝码，直到天平重新恢复平衡。很显然，取出的砝码的重量等于被称物体的重量，因为就在同一个秤盘上，这些砝码已经由被称物体所取代，显然，被称物体的重量与砝码的重量相等。

这种方法被称为"恒载方法"，当需要一个接一个称量多个物体的时候，用这个方法特别方便：不需要取下第一个被称物体，而是在后续的称量过程中继续使用。

另外一种方法是由科学家博尔德提出的，因此被命名为"博尔德法"。使用这种方法的称量过程是这样的：首先将被称物体放在天平的一边秤盘上，再向另外一个秤盘中放入沙粒或者铁珠，直到天平达到平衡。然后，将被称物体取下（不要动沙粒），再往这个秤盘上添加砝码，直至天平重新回到平衡状态。显然，在这个时候，砝码的重量等于被其替代的物体重量，因此这种方法又被称为"替换法"。

这种简单的方法同样也可以用在只有一个秤盘的弹簧秤上，当然，除了弹簧秤以外，您手头还要有准确的砝码才行。在这里不需要用到沙粒或者铁珠。首先把被称物体放在秤盘上，记住秤的指针读数，然后取下被称物体，向秤盘上放置砝码，直到弹簧秤的指针指向原来的位置。显然，所有这些砝码的重量，与被这些砝码替换的物体的重量相等。

比自己更有力量

您用一只手能提起多重的物体？假定能提起10公斤的重量。您是不是觉得这10公斤就代表您手臂肌肉的力量？如果是这样，那您就错了，肌肉的力量要比此大得多。请观察一下，比如，您手臂的肱二头肌是如何动作的（图27）。如果把前臂的骨骼看做是杠杆，肱二头肌附着在杠杆的支点附近，而重物则作用于这个生物杠杆的另外一端。从重物到杠杆支点的距离，也就是到关节的距离，差不多是二头肌末端到支点距离的8倍。这就是说，如果重物的重量为10公斤，为了提起这个重量，肌肉需要付出8倍的力量。如果肌肉的力量能够达到我们手臂力量的8倍，则它将能直接提起80公斤的重量，而不是10公斤。

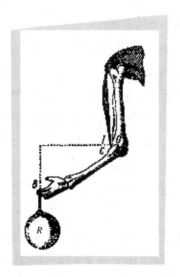

图27　人的前臂C属于第二类杠杆。作用力施加在I点；杠杆的支点位于关节的O点；需要克服的阻力（重物R）作用于B点。BO的距离大约是IO的距离的8倍。本图摘自于17世纪佛罗伦萨科学家波雷里的著作《论动物的运动》，在该书中，力学原理第一次被应用到生理学领域

我们可以毫不夸张地说，我们每个人都比自己更有力量，也就是说我们的肌肉发出的力量，要远远超过我们平时所表现出来的力量。

那这样的身体构造合理吗？乍一看，好像是不合理的——我们在这里看到的是力量的无谓损失。但是，让我们回想一下力学中的那个古老的"黄金定律"：如果在力上吃亏了，那么在位移上就一定会占便宜。在这里，我们还在速度上占了便宜：我们手臂的运动速度，是操控手臂的肌肉的速度的8倍。我们在动物体内看到的这种肌肉附着方式，保证了四肢的灵活性，而这在生存竞争中要比力量更为重要。如果我们的手臂和腿的构造不是这样的话，我们就会是行动极其缓慢的动物了。

为什么磨尖的物体更容易刺入？

您可曾思考过这样的问题：为什么尖端可以轻易地穿透一个物体？为什么细针能够轻易穿透一块绒布或者纸板，但是不够尖的钉子却很难穿过这些东西？而且在这两种情况下所用的力看起来是一样的。

在两种情况下力量的确是一样的，但是压强却是不同的。在第一种情况下，全部力量都集中在针尖上，而在第二种情况下，同样的力量却分布在面积比较大的钉子末端。因此，在我们手的作用力相同的条件下，针尖产生的压强要远远大于钝头钉子产生的压强。

但是每个人都知道，用20齿的钉耙松土时，入土深度要大于同样重量的60齿钉耙。这是为什么呢？因为20齿钉耙的每个齿上分配到的力量要比60齿的钉耙更大。

在我们讨论压强的时候，除了力量以外，我们必须始终关注这个力量的作用面积。就像有人对我们说，有个人的工资是1000卢布，这时我们还无法知道这个工资是高、还是低，因为我们还需要了解：这究竟是年薪、还是月薪？同样道理，力量的作用还取决于这个力量是分布在1平方厘米的面积上，还是集中在1/100平方毫米的面积上。

人们可以踏着滑雪板在松软的雪地上行进，但如果没有滑雪板，人就会陷进雪地里。这是为什么呢？因为在前一种情况下，人体的压力被分配到一个相当大的表面积上，而在后一种情况下这个面积则要小得多。假设滑雪板的面积要比我们脚掌的面积大20倍，则我们在滑雪板上对雪地施加的压强，是双脚直接站在雪地上时的1/20。松软的雪地可以承受滑雪板的压力，但却不能承受双脚的压力。

正是基于这个原因，人们给在沼泽地作业的马穿上特制的"靴子"，用以增加马蹄的支撑面积，减少马蹄对沼泽地的压强，这样马蹄就不会陷入沼泽地了。一些沼泽地区域的居民们也是这样做的。

在较薄的冰面上，人们会采用爬行的方式前进，这样做的目的也是为了把自己的体重分配到更大的面积上。

虽然坦克和履带式拖拉机的重量都非常大，但还是因为它们可以把重量分配到较大的支撑面积上，所以在松软的土地上行驶时并不会陷进去。自重8吨或者8吨以上的履带车，作用在每平方厘米地面上的压力不超过600克。按照这个观点，在沼泽地上运货的履带车，还是挺有意思的。用这种履带车运送2吨重的货物，它作用在每平方厘米地面上的压力只有160克，所以这种车辆在沼泽、泥泞地域或者沙漠地区都可以正常行驶。

在工业上，就像针尖面积小压强大一样，支撑面大压强小的原理同样是很有意义的。

通过前面的讨论我们就明白了，尖端之所以可以刺透物体，是因为作用力只分配在非常小的面积上。而锋利的刀子可以比钝刀子更好地切东西，原因完全相同：因为力量是集中在一个不大的区域上。

总之，尖锐的物体更容易刺入和切割，因为在针尖和刀刃上集中了很大的压强。

就像深海怪兽一样

为什么坐在普通的圆凳上会感到很硬，而坐在同样是木头做的椅子上，却一点也不感觉硬？为什么躺在用很硬的细绳编制的吊床上却感觉很柔软？为什么把床上的弹簧床垫换成钢丝网，躺在上面也不会觉得很硬？

这些问题的答案是不难猜到的。普通圆凳的表面是全平的，这使得身

体与凳面的接触面积比较小，而我们的全部重量都要集中在这一小块面积上，而椅子的椅面是略微下凹的，与身体的接触面积要大一些，可以使体重分配在比较大的面积上——单位面积上的压力就会小一些。

这样，所有的问题都可以归结到"更均匀地分配压力"这一问题上来。当我们躺在柔软舒适的被褥上，被褥会依照我们身体的曲线下凹，这时身体下面的压力就会分配得非常均匀，每平方厘米的面积上仅仅只有几克的压力，在这种情况下我们当然感觉非常舒适了。

这种差别也不难用数字表示出来。一个成年人的体表面积大约为2平方米，或者20000平方厘米。假设我们躺在松软的被褥上时，接触被褥的面积大约是体表面积的1/4，也就是0.5平方米，或者5000平方厘米，而我们的体重大约是60公斤（平均体重），或者60000克，这就是说每平方厘米只承受12克的压力。但是当我们躺在硬板床上的时候，只有身体的几小块接触支撑面，全部面积加在一起也不过是100平方厘米左右，所以每平方厘米所承受的压力会达到0.5公斤左右，而不再是十几克。这个差别还是相当明显的，我们马上就能感觉到，换句话说，我们会觉得"硌得慌"。

如果可以把压力均匀分布到一个比较大的面积上，即使躺在很硬的床上，我们也有可能并不觉得硬。做一个这样的实验：我们先躺到柔软的黏土上，在黏土中印出身体的形状，然后起身，等黏土变干（黏土变干以后会收缩5%~10%，但在这里我们假设没有这种情况出现）。当黏土干得像石头一样硬时，我们用身体做出的凹痕还会保留在上面。然后我们再次躺上去，填满那个石头一样硬的凹痕。这时，我们会感觉到自己就像躺在柔软的羽绒大衣上一样，哪怕黏土已经干得像石头一样了，我们也一点不会觉得硬。现在的我们，就好像罗蒙诺索夫诗歌中描写的传奇怪兽一样：

躺在尖锐的岩石上，
毫不在意它的坚硬，
信念的力量是多么强大，
只当它们是柔软的泥土。

我们感觉不到床的硬度，并不是因为"信念的力量"，而是因为身体的重量被分布在了一个很大的支撑面积上。

第三章
介质的阻力

子弹与空气

所有的人都知道，空气会影响子弹的飞行，但是空气的阻滞作用究竟能达到什么程度，恐怕只有很少的一部分人清楚。估计大多数人都会倾向于这样的看法：像空气这样的介质是那样地温柔，以至于我们平常几乎感觉不到，是不可能对高速飞行的子弹产生明显影响的。

但是您只要看一下图28就会明白了：空气对于子弹来说，是一种非常大的阻碍。在这张图上，大弧线表示的是在没有空气条件下子弹的飞行路径。子弹从步枪的枪管中射出以后（仰角为45°，初始速度为620米/秒），在空中会画出一个高达10千米的巨大弧线，而飞行距离也会长达40千米。但是实际情况又是怎样的呢：以同样仰角、同样初速度射出的子弹画出的弧线要小很多，飞行距离也仅仅只有4千米。在图28中，这个小弧线与大弧线相比几乎都察觉不出来，这就是空气阻力作用的结果。假如没有空气，就可以像从10千米高空洒落铅弹雨一样，用步枪击中40千米以外的敌人。

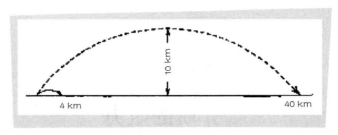

图28　子弹在真空和在空气中的飞行轨迹。大弧线表示的是在没有空气条件下子弹的飞
行轨迹。左侧的小弧线表示的是子弹在空气中的实际飞行轨迹

超远距离的射击

在战争临近结束的时候，法国空军和英国空军已经取得了制空权，但是德国炮兵却有史以来第一次对100千米以外的敌人实施了炮击，因为德军司令部发现了一种方法，可以将炮弹发射到距离前线110千米之遥的法国首都巴黎。

这是一种全新的、谁也没有尝试过的炮击方法，德国炮兵也是在一个很偶然的情况下发现这种方法的：有一次，他们在用大口径火炮以很大的仰角射击时，意外地发现，炮弹的射程并不是通常的20千米，而是达到了惊人的40千米。原来，初速度很大的炮弹如果以很大的仰角向上发射，可以到达空气稀薄的高空大气层，而在那里的空气阻力非常小。在这种阻力很小的介质里，炮弹飞行了极长一段距离，然后陡然降落在地面上。图29直观地显示了改变发射角度，会使炮弹的飞行轨迹产生多么大的变化。

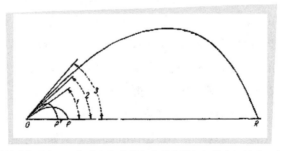

图29　在不同的发射角度下，超远射程武器射出的炮弹射程的变化情况。如果发射角度为1，炮弹会落在P点；发射角度为2，炮弹会落在P'点；而在发射角度为3时，炮弹的射程会突然增加很多倍，这是因为炮弹已经飞入空气稀薄的高空大气层了

这个意外的发现为德国设计制造超远程打击火炮提供了理论基础，德国成功地制造出了可以打击远在115千米以外的巴黎的火炮，仅在1918年夏天，德军就向巴黎发射了超过300发炮弹。

后来，人们了解到了这种火炮的构造：这是一根巨大的钢管，长度达到34米，其直径也有1米，炮管底部管壁厚度为40厘米，整个火炮的重量为750吨。炮弹重量为120公斤，长度为1米，直径为21厘米。炮弹可填装150公斤火药，发射时的压力可达5000个大气压，这样炮弹发射时的初速度就可以达到2000米/秒。火炮发射时的仰角为52度，炮弹射出去以后，可以画出一个很大的弧线，弧线的最高点距离地面大约40千米，也就是说，远在平流层之上。从发射地点至巴黎——有115千米之遥——炮弹的飞行时间只有3.5分钟，其中有2分钟炮弹是在平流层里飞行的。

这就是第一门超远射程火炮，它是现代超远射程火炮的鼻祖。

图30　德国大炮"巨人"的外观

子弹（或者炮弹）发射时的初速度越快，所遇到的空气阻力也就越大：空气阻力并不是与物体飞行速度成正比，而是与速度的二次方或者更高次方成正比，这就要看物体的飞行速度有多快了。

纸风筝为什么能够飞起来？

您是否思考过这样的问题：放风筝的时候，为什么您拉着风筝线向前跑，而风筝却向上飞起？

假如您能够回答这个问题，那么您就可以明白，为什么飞机会飞，为什么枫树的种子能够随风传播，甚至可以在某种程度上了解飞去来器（又叫回旋镖）为什么会有那样奇怪的飞行轨迹了，因为所有这些都属于同一类现象。恰恰正是给子弹和炮弹造成很大阻力的空气，却不仅能使轻巧的枫树种子和风筝飞在空中，甚至可以让载有几十名乘客的极重的飞机在天空中飞行。

为了搞清楚风筝是怎样飞起来的，我们来看一下这张简图（图31）。假设线段MN表示风筝的截面。放风筝的时候，我们拉动风筝线，由于尾部的重量，风筝会在运动时保持一种倾斜的姿态。假设风筝是从右向左飞，我们用α来表示风筝平面与水平线之间的夹角。现在我们来分析一下，在这种状态时有哪些力作用在风筝上。空气当然是阻碍风筝的运动，对其施加一定的压力，在图31中我们用箭头OC来表示这个压力，由于空气压力总是垂直作用于平面的，所以直线OC与MN的夹角为直角。力OC可以分解为两个力，形成所谓的"力的平行四边形"：这样力OC就被两个力OD和OP

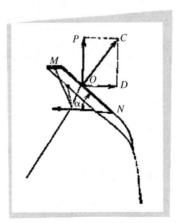

图31　哪些力作用在风筝上

取代，其中力OD把我们的风筝向后推，就是说，降低风筝的初速度；而另外一个力OP则把风筝向上拉，减轻它的重量，同时，如果这个力足够大，就可以抵消风筝的重量并让它向上升。这就是为什么我们拉着风筝线向前跑时，风筝可以向上飞起。

　　飞机的飞行原理与风筝没有什么两样，不同的只是推动力不是来自我们的手，而是来自飞机上的螺旋桨或者喷气式发动机。就像作用在风筝上的力一样，螺旋桨或者喷气式发动机会产生向前的推力，使飞机向上升起。当然，这里给出的仅仅是这种现象的粗略解释，使飞机升起的原因还有很多，我们会在其他章节继续向大家进行介绍。

活的滑翔机

　　您已经看到了，虽然一般人都认为飞机是模仿鸟类制造的，其实完全不是这样，飞机更像是鼯鼠、猫猴或者飞鱼。当然，这些动物身上的翼膜并不能让它们向上飞起，只是可以让它们完成远距离的跳跃——用飞行员的术语就是"滑翔降落"。对这些动物来说，力OP并不足够大，无法完全抵消

图32　鼯鼠的滑翔。鼯鼠从高处跳下时可以滑翔20~30米远的距离

自身的体重，这个力只能减轻它们的体重，帮助它们从高处跳得更远（图32）。鼯鼠可以从一棵树的树梢跳到20~30米以外另一棵树的低一些的树枝上。在东印度和锡兰等地生活着一种更大的鼯鼠种群——袋鼯，这种袋鼯差不多与家猫一般大小，但它的翼膜全部伸展开时，却接近0.5米宽。虽然袋鼯的体重相对较重，但它却可以凭借巨大的翼膜滑翔50米左右。而生活在巽他群岛和菲律宾群岛上的猫猴，跳跃距离甚至可以达到70米。

植物没有发动机，却可以飞翔

很多植物在传播自己的果实和种子时所使用的方法，也常常可以为飞机设计者提供借鉴。许多植物的果实和种子上长有多束绒毛（例如蒲公英、婆罗门参和棉花种子上的冠毛），这些绒毛的作用与降落伞类似；还有一些植物的果实和种子具有翼状的突起，这样的植物滑翔机可以在针叶树、枫树、榆树、白桦树、榛树、椴树以及许多伞形科植物上见到。

我们可以在科讷·冯·马瑞劳的那部著名的《植物的生命》中读到这样的文字：

> 在没有风的晴朗天气里，许多植物果实和种子可以借助于上升气流升至相当高的高度，但是在太阳落山以后，它们一般就又落回到不远的地方。这种飞翔的重要性，不在于把植物种子传播得更远，而是在于把它们搬迁到陡峭的山坡和垂直的峭壁上的突起和缝隙中，因为除此以外，没有其他方法能够让种子落到这些地方去。而水平流动的气团，则可以把飘浮在空中的果实和种子带到很远的地方。

在某些植物种子上，翅膀和降落伞只在飞行的时候会附着在种子身上。例如，大翅蓟类植物的种子可以自由自在地飘浮在空中，但是一旦遇到障碍物，种子就会与降落伞分离，落到地面上去。这个现象解释了为什么大翅蓟类植物经常会沿着墙壁和篱笆生长。但是也有一些植物的种子，却是始终跟降落伞连在一起的。

在图33和图34上画出了几种带"滑翔翼"的果实和种子。

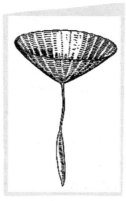

图33　娑罗门参的果实

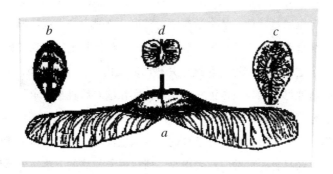

图34　会飞的植物种子：a为枫树的翅果，b为松树的翅果，
c为榆树的翅果，d为白桦树的翅果

植物滑翔翼在很多方面比人造滑翔机还要完善，它们甚至可以带着比自身重量重得多的负载升空，不仅如此，这种植物飞机还具有自动稳定的特性：如果把赤素馨花的种子倒过来，它会自己翻转过来重新让凸出的一面向下；如果在飞行过程中遇到障碍物，种子不会失去平衡掉落下来，而是稳稳地降落下来。

延迟开伞跳伞

看到这个标题，我们一定会想起那些勇敢的跳伞高手，这些人从大约10千米高的高空跳下，并不立刻打开降落伞，而是在下落了很长一段距离之后才拉动降落伞拉环，也就是说，只有降落过程的最后几百米是开伞下落的。

很多人会认为，如果不打开降落伞，像"石头"一样掉下来，人的下落过程应该与在真空中一样。如果是这样的话（人体在空气中的下落状态与在真空中相同），那么延迟开伞跳伞的下降时间就会大大缩短，而最后也会达到极高的速度，但是实际情况并不是这样的。

因为，空气阻力阻止了速度的继续增加。在进行延迟开伞跳伞时，跳伞者身体的下降速度只在最初的几秒钟内是不断加大的，在这段时间内他们只会下降几百米。空气的阻力会随着速度的增加迅速加大，很快，速度就不会继续变化了。这时候，运动就由加速运动变成匀速运动了。

我们可以通过计算、从力学角度对延迟开伞跳伞的大致情形做一个简单描述：跳伞者只会在最初的12秒钟内加速下降，甚至还不到12秒钟，这完全取决于这个人的体重。在这十几秒的时间内，跳伞者会下降400~500米，下降速度可以达到每秒钟50米左右。而在这之后直至开伞，跳伞者都是以这个速度匀速下降。

雨滴下落的情形大致也是这样的，区别仅仅是：雨滴加速下降的那一小段时间大约只有一秒钟，或者更少，所以雨滴最终的下落速度要比延迟开伞跳伞者的最终速度小很多，雨滴的速度只有大约每秒2~7米，视雨滴的大小而定。

飞去来器

这是一种十分独特的武器，是原始人类在技术上的最完美的创造。在相当长的一段时间内，科学家们都为它伤透了脑筋。的确，飞去来器在空中画出的那一条复杂而又诡异的曲线，一定会让每一个人感到困惑不解（图35）。

图35 原始的澳大利亚人藏在掩体后面使用飞去来器进行捕猎。
图中的虚线表示飞去来器的飞行路线（这里画的是没有击中目标的情况）

现在，科学家们已经把飞去来器的飞行理论分析得十分透彻，从而揭开了蒙在这种武器上的那层神秘面纱。在这里，我们不会对这些有趣的细节进行深入研究，只关注一点，那就是飞去来器的特殊的飞行路线是下面三个因素互相作用的结果：

（1）最初的投掷。

（2）飞去来器的旋转。

（3）空气的阻力。

原始澳大利亚人学会了把这三个因素结合在一起，他们可以熟练地改变飞去来器的投掷角度、力量和方向，以达到预期的结果。

其实，我们中的每一个人都可以掌握这种技巧。

为了方便在室内练习投掷飞去来器，我们可以依照图36中画的样式，用明信片做一个纸飞去来器。这个飞去来器的每个翅的长度大约为5厘米，宽度不到1厘米。请您用大拇指的指甲缝夹住这个纸飞去来器，然后弹一下它的末端，注意，要向前并且略微向上弹击。飞去来器会飞行5米多，划出一道均匀的、有时还很美妙的曲线，如果不碰到房间中的其他物件，就会落回到您的脚边。

图36　纸做的飞去来器和它的投掷方法

如果我们按照图37所示形状制作飞去来器，还可以得到更好的实验效果，如果把飞去来器的两翅稍微弯曲成螺旋形（图37，下），效果还会更好。在您掌握了一定的抛掷技巧后，飞去来器掷出后能够在空中划出很复杂的曲线并且还会回到原来的地方。

图37　另一种形状的纸飞去来器

最后我们还要强调一点：不是像大家通常所想的那样，飞去来器只是澳大利亚居民特有的武器，在印度的很多地方也发现过飞去来器的踪迹，在一些古老壁画的残片上，我们可以看到，飞去来器曾经是亚述军队的一种很普通的武器。在古埃及和古努比亚都曾经有过飞去来器（图38）。澳大利亚居民的飞去来器的独特之处在于它的螺旋形弯曲，正是这个不大的弯曲，可以让澳大利亚飞去来器划出复杂的曲线并在未击中目标的情况下飞回到投掷者脚边。

图38　古埃及图画：正在投掷飞去来器的战士

第四章
转动·"永动机"

怎样分辨熟鸡蛋和生鸡蛋

如果不能打破蛋壳，还要确定一个鸡蛋到底是熟的还是生的，我们应该怎么办？力学知识可以帮助您成功地从这个小小的困境中走出。

要知道，熟鸡蛋和生鸡蛋的旋转情况是不一样的，所以，可以利用这一特点来解决我们的问题。把需要鉴别的鸡蛋放在一个平底的盘子上，然后用两个手指把它转一下（图39），熟鸡蛋（尤其是煮得比较老的鸡蛋）旋转起来明显比生鸡蛋速度更快、时间更久，而生鸡蛋甚至很难转起来。另外，煮得比较老的鸡蛋，旋转起来快得让我们的眼睛只能看到一个白色的椭圆球形轮廓，甚至快到可以自己竖起来。

图39　怎样转动鸡蛋

出现这两种情形的原因是：煮熟的鸡蛋旋转起来就像一个整体，而生鸡蛋中的液态内容物在惯性的作用下却不能立刻获得旋转动力，因而会阻碍蛋壳的运动，也就是说会起到刹车的作用。

熟鸡蛋和生鸡蛋还可以通过旋转结束时的情况来辨别。如果我们用手碰一下旋转中的熟鸡蛋，它会立刻停下来；而生鸡蛋在您触碰的一瞬间会停一下，但是在您把手拿开以后，还能继续旋转一会儿。这依然是惯性在起作用：在生鸡蛋的固态外壳停止运动之后，鸡蛋内部的液态物质还在继续运动；而熟鸡蛋的内容物是与外壳同时停止运动的。

类似的实验还可应用其他方法来进行。把橡皮圈沿"子午线"位置套在生鸡蛋和熟鸡蛋上，然后用同样的细绳各自悬挂起来（图40）。把两根细绳分别扭转同样的圈数并同时放开，我们立刻就会观察到生鸡蛋与熟鸡蛋的分别：熟鸡蛋在转回到原来的位置以后，在惯性的作用下会向反方向旋转，然后再转回来——这样反复多次，同时，旋转的圈数会逐渐减少。而生鸡蛋只会来回旋转一两次，在熟鸡蛋停下来之前早早地就停下来了——这是生鸡蛋液态内容物的"刹车"作用。

图40　通过旋转来判断悬挂起来的鸡蛋是生鸡蛋还是熟鸡蛋

"疯狂魔盘"

我们再来做一个小实验：把雨伞撑开，伞尖放在地面上转动伞柄，您会发现让伞快速的旋转起来并不困难。现在把一个小皮球或者小纸团扔到伞里，我们会看到，扔进去的东西不会留在伞里，而是会被甩出来。我们经常错误地把这种力叫做"离心力"，但实际上这仅仅是惯性的作用。小皮球不是沿半径方向被甩出，而是沿圆周运动的切线方向飞出的。

在游乐场有一种与众不同的游乐设施 ——疯狂魔盘（图41），其工作原理正是这种转动效应。在疯狂魔盘上，游客可以亲身体验惯性所带来的乐趣。在这个大圆盘上，人们可以站着、坐着、躺着，随心所欲。安置在圆盘下方的电动机会沿着立轴方向缓缓转动，起初速度并不很快，后来就会越来越快，这时在惯性的作用下圆盘上的人们会向圆盘边缘滑去。在刚开始的时候，这种运动还不十分明显，但随着"乘客们"离圆心越来越远，旋转半径越来越大，这个运动惯性的作用就会越来越明显。无论人们怎么努力地想停留在原地，都无济于事，最后都会被抛出疯狂魔盘。

图41 疯狂魔盘。在旋转的圆盘上，人们会被抛到圆盘外面

我们生活的地球实际上也是这样一个疯狂魔盘，只不过地球的尺寸要大得多。当然，地球并没有把我们抛出去，但它的旋转仍然会减少我们的

重量。在转动速度最大的赤道上，这种原因引起的重量减少会达到总重量的1/300。如果把其他因素也计算在内（地球的扁率），每个物体的重量在赤道上一般会减少半个百分点（也就是说1/200），所以，一个成年人的体重，在赤道上要比在极点上大约轻300克。

墨水旋风

在一张表面光滑的白纸板上剪下一个圆片，然后在圆片中心穿入一根削尖的火柴棍，这样我们就做出了一个图42所示的陀螺（图上画的陀螺尺寸大约只有实际尺寸的二分之一）。要使这个陀螺在削尖的火柴棍上旋转，并不需要特别的技巧，只要用手指扭动火柴棍，再迅速地把它放在一个光滑的平面上就可以了。

图42　在旋转的圆纸板上，墨滴是如何流动的

利用这个纸陀螺，可以做一个非常有代表性的实验。在转动这个陀螺之前，请您先在圆纸板的上面滴几小滴墨水，不要等墨水干掉，就开始转动陀螺。在陀螺停下来以后，看看那些墨滴都发生了什么变化：每一滴墨水都流成了螺旋线形状，所有这些螺旋线合在一起，看起来就像旋风的缩影一样。

墨滴与旋风相似并不是偶然的。这些圆纸板上的螺旋线是什么呢？这就是墨滴的运动轨迹。圆纸板上墨滴的经历，与人在疯狂魔盘上的经历是一样的。在离心效应的作用下，墨滴会远离纸板重心，流向比其旋转速度更快的地方。在这些地方，圆纸板好像从墨滴底下溜过，跑到了墨滴的前面。情况看起来就像是墨滴总是跟不上圆纸板，落在这个半径后面似的。正是由于这个原因，墨滴的流动路径是弯曲的，我们也就看到了曲线运动的轨迹。

从气压较高地方流出的气流（反气旋），或者流向气压较低地方的气流（气旋）会遇到同墨滴一样的情况，所以我们可以说，墨滴形成的螺旋线正是强大旋风的缩影。

受骗的植物

飞速旋转所产生的离心作用可以达到极大的数值，甚至能够超过重力的作用。这里就有一个很有意思的实验，可以显示出一只普通的轮子在旋转时究竟可以产生多大的抛出力。我们都知道，新生植物的茎，总是向重力作用相反的方向生长，也就是说，总是向上生长的。但是，假如让种子在飞速旋转的车轮上生根发芽的话，那么您就会看到一个非常令人惊讶的现象：幼芽的根会长向轮外，而茎却顺着轮子半径方向朝内生长（图43）。

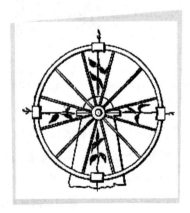

图43　种植在旋转轮子边缘的豆科种子。茎朝轮轴生长，而根却生向外面

我们似乎把植物给骗了：让它们不再受到重力作用，而是受到另外一个从轮轴向外的力的作用了。因为植物的茎总是向着重力相反的方向生长，因此，在我们人为制造的这个条件下，它就沿着从轮缘到轮轴的方向向内生长了。我们的人造重力要比自然重力更大（根据现代的引力本质观点，两种重力在原则上没有区别），因此幼苗就在这个力的作用下生长了。

"永动机"

关于"永动机"和"永恒运动"，无论是这些词汇的狭义还是广义概念，都是大家经常谈论的，但并不是所有人都能够解释这些概念的真正含义。永动机是一种假想的机械，它不仅能够不停地自行运动，而且人们还可以利用这种机器来做有用功（例如举起重物等）。虽然很久以前就有许多人不断尝试制造这样的机械，但直到现在也没有人能够取得成功。由于那些制造永动机的努力都毫无结果，使人们坚信永动机是不可能制造出来的，并且从这一点推出了能量守恒定律——这是现代科学的基本定律。至于永恒运动，指的是一种永不停止的不做功运动。

在图44中画的是一种假想的自行式机械——这是永动机的最古老的设计之一，直到今天，还有一些永动机的狂热者在不断地复制这种设计思想。这种"永动机"是这样子的：在一只轮子的边缘上装有许多可折叠的

图44　人们在中世纪时期假想出来的永动轮

短杆，短杆的另一端固定着重物。无论轮子处于什么位置，轮子右侧的重物一定比左侧的重物离轮心远，因此，右半边总是会把左半边拉过来，让轮子转动起来。这样，这只轮子就应该永远转动下去，至少要转到轮轴磨坏为止，它的发明者正是这样想的。实际上，如果真的把这种"永动机"造出来，它却是不会转动的。为什么发明者的设计思路无法得到证实呢？

原因是：虽然轮子右侧的重物总是距离轴心更远，但无法避免的情况是，右侧重物的数量要比轮子左侧的少。

看一下图44，我们就会清楚了：在轮子的右侧，一共只有4个重物，而在左侧却有8个之多。所以，整个系统是处于平衡状态的，轮子当然不会转动，只是摇摆几下就会停止在这个位置上了（可以借助于所谓的力矩定理对这种系统的运动进行描述）。

目前，已经证明了这样一个不容置疑的事实：一个永远能够自行运动甚至还可以做功的装置是不可能制造出来的，为实现这个目标而付出的任何努力终将是徒劳的。从前，特别是在中世纪时期，人们绞尽脑汁想要解决这个问题，花费了大量时间和精力来制造"永动机"（拉丁语为Perpetuum Mobile），但是毫无结果。在那个时候，拥有一台永动机甚至比掌握用廉价金属制造黄金的技术更具有诱惑力。

在普希金的《骑士时代的几个场景》中就曾经描写过一位这样的幻想家——别尔托尔德。

"什么是Perpetuum Mobile？"马尔丁问道。

"Perpetuum Mobile，"别尔托尔德回答道，"就是永恒的运动。如果我能够找到永恒运动的方法，就将证明人类的创造力是无止境的……您知道吗，我亲爱的马尔丁！制造黄金，当然是一件诱人的事情，这样的发明，可能很有趣，也很有利可图，但与Perpetuum Mobile相比，噢！"。

人们曾经想出了几百种"永动机"，但是没有一个能"永动"。每一个发明者，像我们前面那个例子中的发明者一样，总是忽略了这样或那样的环节，从而造成整个设计的无效。

下面是另外一个臆想出来的永动机：一只里面装着可以自由滚动的沉重钢球的轮子（图45）。发明者的想法是，轮子一侧的钢球总是距离轮边更近，所以它们的重量会使轮子转动起来。

图45 带可滚动钢球的臆想永动机

不言而喻，就像图44中画的轮子一样，这种情况永远也不会发生。虽然如此，出于广告的目的，美国的一家咖啡店就建造了一个类似的大轮子（图46）来吸引顾客。当然，虽然这台"永动机"表面上看起来是由滚动的钢球带动的，但实际上是由一台小巧的、隐藏得十分巧妙的驱动装置带动的。同一类型的永动机还有很多，曾经有一些钟表店为了吸引公众的注意力，就在自己的玻璃橱窗展示过这样的装置：当然这些永动机都是很隐蔽地用电力驱动的。

图46 出于广告目的建造的假想永动机，位于洛杉矶市（加利福尼亚州）

有一次，一台广告用"永动机"给我添了不少麻烦。我的学生们被

这台永动机完全震惊了，甚至在我向他们证明永动机不可能存在的时候表现得很漠然。那台"永动机"上的铁球，不停地滚来滚去，转动着那只轮子，同时还被这只轮子抬升起来，这种情形比我的论证要更具有说服力；他们不肯相信这个"神奇的机器"是靠城市电网的电流转动的。幸好有老天爷帮我的忙，那时候在节假日会停止供电，于是我建议学生们在节假日再去看看那个橱窗，他们照着做了。

"怎么样，看到永动机了吗？"我问道。

"没有，"学生们回答时很难为情。"看不到，它被用报纸蒙起来了。"

能量守恒定律终于重新赢得了学生们的信任，并且是永远地赢得了信任。

"小·故障"

很多自学成才的俄国发明者也曾经为解决"永动机"这个诱人的问题煞费苦心，其中一个就是西伯利亚农民亚历山大。谢德林在他的中篇小说《现代牧歌》中就讲到了这位发明家的故事，谢格洛夫在小说中的名字是"小市民普列岑托夫"。下面就是谢德林来到这位发明家工作间时的情景：

小市民普列岑托夫的年纪大约三十五岁左右，身材消瘦，面色苍白，长着一对若有所思的大眼睛，一绺一绺的长发披在肩上。他的木屋很宽敞，但大半部分都被一个很大的飞轮所占据了，以至于让我们这些来访者感到很拥挤。轮子不是实心的，装有辐条。轮圈相当大，是用薄木板钉成的，像个箱子一样，内部是中空的。正是在这个中空的地方中安装着一套装置，也就是发明家的秘密。当然，这个秘密看起来也并不是特别高明，好像就是一些填满沙土的口袋，用这些沙土来保持相互之间的平衡。一根辐条上穿着一根木棒，把轮子固定在静止状态。

"我们听说，您已经把永恒运动定律应用在实践中了？"我开始问道。

"不知道怎么说才好，"他有点害羞地回答道，"好像是的。"

"可以看一看吗？"

"当然了！很荣幸。"

小市民普列岑托夫把我们带到了轮子跟前，然后绕着轮子走了一圈。我们看到，无论从前面看还是从后面看，都是一样的轮子。

"能转吗？"

"好像，应该能转。只是有时候会耍点小脾气。"

"可以把销子拿下来吗？"普列岑托夫取下了那根木棍——可轮子一动没动。

"又开始耍小脾气了！"他重复道，"需要推一下。"

他用双手抓住了轮圈，上下荡了几下，最后用力一推，松开了双手，轮子还真的转了起来。开始几圈，轮子转得相当快而且很匀，好像听到轮缘里面的沙袋落到隔板上，又从隔板上被抛出去的声音；后来轮子就转得越来越安静；传出了噪音，吱吱声，最后，轮子完全停了下来。

"小故障，应该是。"发明家窘迫地解释道，又跑去用力地转轮子，但这一次发生的情形同刚才的完全一样。

"摩擦，会不会在计算时没考虑摩擦？"

"计算时考虑摩擦了吗？——不是摩擦的问题，是这样的：有时候好像挺高兴，然后又突然开始耍小脾气了，撂挑子，就又不肯干活了。如果轮子是用真正的材料做的，就不会这样了，但是，您看，这些都是东拼西凑的板子。"

当然，这里的问题并不是因为轮子的"小故障"，也并不是因为没有使用"真正的材料"，而是因为这个装置的基本思想就是错误的。轮子是在发明家的推动下才转了几圈的，等到这个外部施加的能量被摩擦力消耗完了，轮子就不可避免地会停下来。

乌菲姆采夫储能器

如果只从表象上判定"永恒"运动，是很容易陷入错误中去的，所谓的乌菲姆采夫机械能蓄能器就是一个最好的说明。库尔斯克发明家乌菲姆采夫发明了一种装有廉价"惯性"蓄能器的新型风力发电站，这种惯性蓄能器与飞轮的构造相似。1920年，乌菲姆采夫做出了他的储能器的模型，这是一个圆盘，能够在滚珠轴承上沿竖轴旋转，圆盘被安装在一个被抽成真空的外罩中。只要让圆盘的转速达到每分钟20000转，这个圆盘就会在连续15昼夜里不停地转动！如果只看到圆盘的竖轴在未施加外部能量的情况下能够一天又一天不停地转动，粗心的观察者可能会真的认为永恒运动已经实现了。

怪事不怪

对"永动机"的无望追求，让很多人的生活变得很不幸。我知道有一位工人，把全部的工资和积蓄都花在了制造"永动机"模型上，最后变得一贫如洗，成为自己不可能实现的梦想的牺牲品。衣衫褴褛，饥肠辘辘，却总是乞求别人资助他制造那个"一定会转起来"的"最终模型"。当然，最令人感到伤感的是，这个人之所以失去一切，不过是因为缺乏对物理学基本知识的了解。

有意思的是，尽管找寻"永动机"的努力是永远不会有结果的，但是反过来，对这种不可能性的深入探索，却带来不少有益的发现。

16世纪末17世纪初的著名荷兰科学家斯台文发现了斜面上力量平衡定律，他所使用的方法，正好可以作为以上结论的最好例证。这位数学家本应该获得更大的知名度，因为他的许多重大发现时至今日还在为我们所用：他发明了十进制小数，在代数学中引入了指数，还发现了流体静力学定律，就是后来又被重新发现的帕斯卡定律。

斯台文发现斜面上力量平衡定律时，依据的并不是力的平行四边形法则，而只是借助于一张如图47所示的图纸。在一个三棱柱体上挂着一串同样大小的珠子，一共是14个。在这一串珠子上会有什么样的事情发生呢？垂到下面的那部分珠子，是自然而然会保持平衡的，但是其他两部分珠子呢，会相互平衡吗？换句话说，右边的两个珠子会与左边的4个珠子保持平衡吗？当然会的，如果说不会，那么这串珠子就会自动地、不停地从右向左移动，因为当珠子滑下来以后，它们原来所在的位置总是会补上其他的珠子，这样永远也无法获得平衡。但是，我们既然知道这样挂着的一串珠子完全不会自己移动，那么显然，右边的两个珠子跟左边的4个珠子是平衡的。这看起来真是一件怪事：两个球的拉力竟然与4个球的拉力相等。从这个奇怪的现象中，斯台文发现了一个重要的力学定律。他的推论是这样的：这两段珠子——长段和短段——重量不相同：长段珠子与短段珠子的重量之比，等于斜面长边与斜面短边的长度之比。从这里可以得出一个结论，用绳子连接在一起的两个重物可以在斜面上保持平衡，如果这两个重物的重量与这两个斜面的长度成正比。

图47　"怪事不怪"

作为特殊情况，如果两个斜面中短的一个是垂直的，那我们就得到一个著名的力学定律：如果要使斜面上的物体保持不动，必须沿斜面方向施加一个力，而这个力与物体重量的比等于这个斜面的高度跟它的长度的比。

于是，从"永动机"不可能存在这一思想出发，一个力学上的重大发现就这样诞生了。

其他"永动机"

在图48中，我们可以看到一根沉重的铁链架设在多个滑轮上，无论在什么状态下，铁链的右半部分都要比左半部分更长，因此，它的发明者认为，右半部分应该更重，并且应该不断地落下来，这样整个装置就运转起来了。这种情况会发生吗？

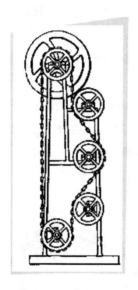

图48 这会是永动机吗

当然不会。我们现在已经知道，如果重的铁链可以与轻的铁链位于不同斜角的平面上，它们就可以保持平衡的。在图48所示的装置上，左边的铁链是垂直的，右边的铁链是斜着安放的，所以虽然右边的铁链会更重一些，也不会把左边的铁链拉过来。大家期待已久的"永动机"，在这里并没有出现。

也许，另外一位发明家的"永动机"看起来更高明一些。这位发明家在19世纪60年代的巴黎展览会上展出了自己的作品，永动机有一个大轮子以及可以在大轮子内部滚动的铁球，发明家声称，谁也不能让轮子停止转动。一个又一个参观者尝试了停下转动的轮子，但是在手离开以后，轮子立即就会恢复转动。没有一个人猜到，原来正是参观者的努力让轮子转起来的：参观者在把轮子向反方向推的同时也给一个巧妙隐藏的装置上了发条。

彼得大帝时代的"永动机"

在1715–1722年间，彼得大帝曾经想在德国购买一台永动机，这台永动机是由一个叫欧尔菲列乌斯的博士发明的，一些保持至今的信件生动地记载了当时的情形。这位在德国因发明"自行运动转轮"而享有盛名的发明家，同意将这台机器卖给俄国沙皇，当然价格相当可观。图书馆管理员、科学家舒马赫被彼得大帝派往西方去购买这件珍品，他是这样向沙皇汇报与欧尔菲列乌斯就购买永动机一事进行交涉时的情景的：

"发明家的最后一句话是：在一边，您放上10000耶菲莫克，而在另一边，我放上我的永动机。"

用图书馆管理员的话来说，发明家是这样评价自己的永动机的："它当然是真的，谁也不能恶意中伤，这是不道德的，就算全世界都是无法让人信任的坏人，您也要相信我。"

1725年1月，彼得大帝打算亲自前往德国去参观一下这台众说纷纭的"永动机"，但不幸的是在成行之前彼得大帝就去世了。

那么，这个神秘的欧尔菲列乌斯博士又是什么人呢，他著名的"永动机"又是什么样子的呢？我有幸地找到了这两个问题的答案。

欧尔菲列乌斯的真实姓氏为贝斯勒，于1680年生于德国，曾经钻研过神学、医学、绘画，最后从事"永动机"的发明。在几千位永动机的发明者中，欧尔菲列乌斯是最著名的一位，大概也是最成功的一位。在其生命的最后日子里（于1745年去世），他生活得很富足，其经济来源就是在各地展示自己的永动机。

作者在一本古书中，找到了欧尔菲列乌斯发明的永动机在1714年时所留下的图片（图49），在图片上您可以看到一个巨大的转轮，这个转轮似乎不仅能够自行运转，还可以把重物抬升到很高的高度。

学者欧尔菲列乌斯博士先是在集市上展示了自己神奇的发明，而后发明家的声誉不胫而走，传遍整个德国，欧尔菲列乌斯很快就找到了强有力的支持者。对这位学者感兴趣的不仅有波兰的国王，还有黑森·卡塞尔伯爵，后者甚至向发明家提供了一座自己的城堡并千方百计地试验了永动机。

图49　欧尔菲列乌斯的自行运动转轮。波得大帝差一点就购买了这台机器

（本图片取自于一本古书）

实验过程是这样的。1717年11月12日，大家把永动机安放在一个独立的房间内，在永动机启动后房间门被上了锁，贴了封条，并由两名军官在门外严格把守。14天内任何人都无法接近这个有着"神秘转轮"的房间。11月26日，封条被取下，伯爵及其随从进入了房间。他们看到了什么呢？轮子还在转着，而且速度一点也没有降低——人们把永动机停了下来，仔细地检查了一遍，然后又重新启动。在以后的40天内，房间还是像前一次那样上锁、贴上封条，并由两名军官昼夜值守。1718年1月4日，封条被揭下，鉴定小组看到的还是——转动的轮子！

这些还没有使伯爵感到满意，他又做了第三次试验——把永动机封闭整整两个月。但无论怎样，这段时间过去之后永动机还在转动。

伯爵对发明家发出了由衷的赞赏，并向其提供了一份正式的证明书：

这台"永动机"每分钟转动50圈，可以把16公斤的重物提升至1.5米的高度，甚至可以用它来带动炼铁的风箱和磨床。带着这个证明书欧尔菲列乌斯游遍了整个欧洲。想必，如果他同意了以不少于100000卢布的价格将这台永动机卖给彼得大帝，他的收入会更多。

关于欧尔菲列乌斯博士这个惊人的发明的消息很快传到了德国境外，并且在整个欧洲快速传播开来，甚至传到了彼得大帝的耳朵里，引起了这位贪得无厌的沙皇的浓厚兴趣。

彼得大帝在1715年开始关注欧尔菲列乌斯的转轮，当年出国访问时，彼得指派著名的外交官欧斯特尔曼去进一步了解这个伟大的发明，欧斯特尔曼很快就给彼得寄去了一份关于永动机的详细报告，遗憾的是，他并没有亲眼看到永动机。彼得甚至打算邀请这位出色的发明家来俄国为自己服务，并委派了当时著名的哲学家赫里斯蒂安·沃尔夫（罗蒙诺索夫的老师）询问欧尔菲列乌斯的意见。

这位发明家名声显赫，收到了来自各地的十分诱人的报价，整个世界都为之倾倒，诗人们甚至写了诗歌来赞美这个神奇的转轮。但是也有一些人怀疑这是一个巧妙的骗局，一些大胆的人甚至公开指责欧尔菲列乌斯进

图50　欧尔菲列乌斯的转轮解密（取自一幅古画）

行欺骗，并悬赏1000马克寻找可以揭开永动机秘密的人。在一篇以揭秘为目的的抨击欧尔菲列乌斯的文章中，我们看到了这样一幅图画（图50）。在揭秘者看来，"永动机"的秘密非常简单：一个人巧妙地隐藏起来，拉动一根绕在轮轴上的、不易被观察者发现的绳子。

这个精妙的骗局是在一个很偶然的情况下被解开的：欧尔菲列乌斯同自己的妻子和女佣发生了争吵，后者就把这个秘密公开了出来。如果这件事情没有发生，也许时至今日我们都会被关于"永动机"的各种议论所困惑。实际上，"永动机"的确是靠隐藏起来的人不声不响地拉动一根细绳子来运转的，而这些人正是发明家的弟弟以及他的女佣。

被揭秘后，发明家并没有认输，直到去世时他都坚持在说，由于妻子和女佣对他怀恨在心，才会去诬陷他的。但是他的信誉却因此受到了极大的损害，所以他跟彼得大帝的使者舒马赫说的那番话，"全世界都是无法让人信任的坏人"，不是没有原因的。

彼得大帝时期在德国还有另外一台也很著名的"永动机"——赫特内尔"永动机"。关于这台永动机，舒马赫这样写道"我看到的赫特内尔先生的Perpetuum Mobile由填满沙土的麻布组成，机器的形状像一块磨刀石，可以自行向前、向后运动，但按发明者本人的话说，机器不能做得太大"。毫无疑问，这台永动机也无法达到自己的目的，在最好的情况下不过是一个复杂的、巧妙地藏有"活"发动机而不是"永动机"的装置。还有一点舒马赫做得非常正确，就是他还向彼得写道：法国和英国的学者们完全不相信Perpetuum Mobile，因为这违反数学原则。

第五章
液体和气体的特性

关于两把咖啡壶的问题

如果在您的面前有两把一样粗的咖啡壶（图51）：一把壶高一些，另外一把矮一些。两把咖啡壶中，哪一把的容量更大呢？

图51　在这两把咖啡壶中，哪一把中可以装入更多液体

大概很多人会不假思索地回答，当然是高的那一把要比矮的那一把装得多啦。但是如果您往这把高的壶中倒入液体，却只能倒至壶嘴的水平面，再倒，水就会溢出来。由于两把咖啡壶的壶嘴高度是一样的，所以矮的那把咖啡壶与高的那一把装得一样多。

这是不言而喻的：在咖啡壶的壶身和壶嘴中，就像在所有连通器里一样，液面的水平高度都是一样的，尽管壶嘴里的液体要比壶身里的液体要少得多得多。如果壶嘴不够高的话，您无论怎样都不可能将咖啡壶灌满：水会溢出来。一般来说，咖啡壶的壶嘴都要比壶顶略微高一些，这样就可以在壶稍稍倾斜的时候不至于把水洒出来。

古人不知道什么

时至今日，现代罗马的居民们还在使用古罗马人修筑的输水道：可以想象，古罗马的奴隶把输水设施修建得多么坚固。

关于指挥这项工程的罗马工程师的知识水平，我们不得不说：他们对物理学基本定律的了解显然还很不够。请您看一下图52，这张图是根据慕尼黑德意志博物馆的一张藏画复制的。您会发现，罗马水道不是敷设在地下，而是在地上，敷设在高高的石头柱子上。为什么要这样做呢？难道像现在这样把输水管道敷设在地下不是更简单一些吗？当然会更简单，但是那个时候的罗马工程师对连通器原理的认识还很模糊，他们害怕在用长管子连接在一起的贮水池中，水无法保持在一个平面上。如果始终沿着地面的坡度把管道敷设在地下，在某些地段上，水就会向上流——但古罗马人

图52 古罗马水道的原始面貌

却怕水不会往上流，因此他们通常把输水管道全线都沿着均匀的坡度向下敷设（为了做到这一点，经常要绕个大弯敷设管线，或者使用很高的拱形支柱）。有一条名为阿克瓦·马尔奇亚的罗马水道，全长达100千米，但是水道两个末端之间的直线距离却要少一半。仅仅由于缺乏对物理学基本定律的了解，就多敷设了50千米长的石头！

液体向……上产生压力！

即使那些没有学过物理学的人也都知道，液体会对容器的底部产生向下的压力，或者会对容器的壁产生向两侧的压力。但是，液体还产生向上的压力，这一点却是许多人意想不到的。其实只要借助于一只普通的玻璃灯罩，就可以证明这种压力确实存在。从厚纸板上剪下一个圆纸片，大小只要可以盖住玻璃灯罩口就可以。把这个圆纸片贴在玻璃灯罩口上，如图53所示浸入水中。为使圆纸片在浸入的过程中不会掉落，可以用一条穿在圆纸片中间的细线来拉住圆纸片，或者直接用手指托着圆纸片。在这个玻璃灯罩浸入到水下一定深度的时候，您就会发现，圆纸片会自己悬浮在那里，既不再需要用手指按着，也不需要用细线拉着：这时，托着这个圆纸片的只能是容器里的水了，也就是说，水对圆纸片产生了从下向上的压力。

图53　一种简单的方法，可以证明液体是从下向上产生压力的

您甚至可以测量出这个向上压力的数值。请您小心翼翼地把水注入玻璃灯罩里去，就当玻璃灯罩里的水面接近玻璃灯罩外容器里的水面时，圆纸片就掉下去了。这就是说，玻璃灯罩外面的水对圆纸片产生的向上的压力，与纸片上面那个水柱产生的向下压力达到了平衡，这个水柱的高度等于纸片浸入水中的深度。这就是对于一切浸在液体中的物体都适用的液体压力定律。所以，物体在液体里会产生重量的"损失"，著名的阿基米得定律中就提到了这一点。

图54 液体对容器底部产生的压力只取决于液面的高度和容器底部的面积。

本图中所示的是验证这一定理的方法

如果有几个形状不同、但是开口大小相同的玻璃灯罩，您就可以证明另外一个有关液体的定律，也就是：液体对于容器底部产生的压力，只取决于容器底部面积和液面高度，与容器的形状完全无关（图54）。检验过程是这样的：按照刚才的实验方法，用不同形状的玻璃灯罩分别做一次实验，但每次把玻璃灯罩浸入水中的深度必须一样（为此可以事先在玻璃灯罩的同样高度上粘一个纸条作为标记）。那么，您就可以看到，每一次，当纸片落下去的时候，玻璃灯罩里的液面高度都是一样的。这就是说，不同形状容器里的水柱，只要它们的底面积和高度相同，产生的压力就相同。请您一定要注意，这里重要的是高度而不是长度，因为无论是看起来比较长的倾斜水柱，还是看起来比较短的竖直水柱，只要液面高度相等，它们对容器底部产生的压力（在底面积相等的情况下）就相同。

哪一边更重？

把一只盛满水的水桶放在天平的一边托盘上，在另一边的托盘上也放一只同样的盛满水的水桶，只是在水面上漂浮着一个木块（图55）。哪一只水桶要更重一些呢？

我曾经尝试向不同的人提出这个问题，得到了相互矛盾的答案。有些人说有木块的那只水桶更重，因为"水桶里除了水之外，还多了一块木块"。另外一些人却给出了相反的答案，第一只水桶更重（没有木块的那只水桶），"因为水比木块要重一些"。

但是，他们的答案都是不正确的：两只水桶的重量相同。的确，在第二只水桶中的水比第一只水桶中的水要少，因为漂浮在水中的木块把一部分水挤掉了，但是根据浮力定律，所有漂浮在液体中的物体排开液体的重量，等于该物体的重量。这就是为什么两边的重量应该是相等的。

图55　两只水桶完全一样并装满水，在其中一只水桶里漂浮着一块木块。哪一只水桶更重

现在请您解答另外一个问题。我把一只装有水的杯子放在天平的托盘上，水杯旁边再放上一个砝码。在天平的另外一边托盘上加砝码直至两边平衡。现在，我把水杯旁边的砝码放入水杯里，天平会怎么变化？

根据阿基米得定律，砝码在水中比在水外要变轻一些，这样看起来，应该是有水杯的那一边天平托盘会升起来。但实际情况却是天平依旧保持平衡，这又怎么解释呢？

砝码在水杯中排出了一部分水，水平面看起来也就比原来要高一些，因此对水杯底部产生的压力就增加了，而这个额外施加于水杯底部的力量，正好等于砝码重量的损失。

液体的天然形状

我们都习惯地认为，液体没有任何特定的形状，但这是不对的。所有液体的天然形状都是"球形"。在通常情况下，由于重力的作用，液体无法保持球形，如果液体不是被盛放在容器里面，它就会流成薄薄的一层；而如果液体被盛放在容器中，它就会具有容器的形状。如果液体处于另外一种与其比重相同的液体之中，根据阿基米得定律，这个液体就会"失去"自己的重量：就好像这个液体完全没有重量，重力对它并没有作用，这时，液体就会具有它的天然形状，也就是球形。

橄榄油会漂浮在水面，但是在酒精中就会沉底，因此可以制作这样的水与酒精的混合液，使橄榄油在混合液里面既不会上浮、也不会沉底。用一只注射器把一些橄榄油注入这种水与酒精的混合液中，我们就会看到一个神奇的现象：橄榄油聚集在一起，形成一个大圆滴，既不会上浮、也不会下沉，而是一动不动地悬在那里（为了让球形看起来不会变形，最好使用外壁为平面的容器来做这个实验，或者使用任意形状的容器，但要把这个容器，放入另外一个装满水的外壁为平面的容器中。这是考虑透视的效果。）（图56）。

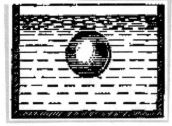

图56　在盛有稀释的酒精的容器中，油会聚集成一个圆球，

既不会上浮、也不会下沉（普拉托实验）

做这个实验的时候一定要不急不躁、小心翼翼，否则的话，可能得到的不是一个大油滴，而是几个分开的小圆球，当然即使是这样，实验看起来也还是蛮有趣的。

但是，这个实验还没有结束。把一根细长的木棒或金属杆穿过这个油球的中心，并开始搅动，这个油球就会跟着旋转起来。（如果把一个浸过润滑油的小纸圈套在木棒上，并让它能够整个进入在油球里面的话，那实验效果就会更加理想。）油球在旋转力的作用下开始变扁，几秒钟之后，会从中分离出一个圆环来（图57）。这个圆环并不会变成模模糊糊的一块，而是分裂成许多小油滴，这些球形的油滴，会继续围绕中间的大油球旋转。

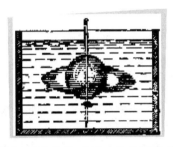

图57　如果把一根细棒插入酒精中的"油球"并快速搅动，
就会从"油球"中分离出一个"油环"来

第一个做这个很有启发性的实验的是比利时物理学家普拉托，前面讲述的就是传统方式的普拉托实验，但是，这个实验还有另外一种形式，更简单易行，也同样不乏启发性。把一只小玻璃杯用水清洗干净并装满橄榄油，然后把它放在另外一只大玻璃杯的底部。现在，我们往大玻璃杯中小心翼翼地注入酒精，直至小玻璃杯全部浸没在酒精里。然后用一只小勺子沿大玻璃杯的内壁向里面慢慢添水，我们会看到小玻璃杯中橄榄油的液面开始隆起，继续加水后就越来越鼓，水添加到一定数量以后，橄榄油会完全从小玻璃杯里升起来，形成一个很大的圆球并悬

图58　简化的普拉托实验

浮在酒精和水的混合液中（图58）。

在没有酒精的情况下，可以用苯胺来代替。苯胺这种液体在常温下比水要重，但是在75℃~85℃的时候，会变得比水轻。只要把水加热，我们就可以让苯胺悬浮在水中，并且形成一个很大的球形滴。在室温下，苯胺滴也可以悬浮在盐水中。其他液体中，最适合做该实验的是邻甲苯胺——一种深红色的液体——在24℃的时候，邻甲苯胺与饱和食盐水的密度相同。

为什么铅弹是圆形的？

刚才我们说过，所有液体，在不受到重力作用情况下，就会具有它的天然形状——"球形"。如果您能够回忆起前面说过的自由落体处于失重状态的这一特性，并且假定物体在下落的最初瞬间，空气的微小阻力可以忽略不计（雨滴只是在下落的初段加速运行，大约过半秒钟后，雨滴就开始匀速降落了：随着下落速度的增加，空气阻力也会增加，随后会与雨滴的重量达到平衡），那么您就会猜到，这个下落的液体一定也是球形的。而实际上，下落的雨滴确实是球形的。铅弹实际上就是熔化的铅滴冷凝后形成的，在铅弹制造工厂里，熔化的铅滴从高处落入到冷水中，在那里凝固成一个正球形（图59）。

这样浇铸的铅弹被称为"高塔浇铸"铅弹，这是因为在浇铸的时候，需要让铅弹从一座很高的铅弹浇铸塔的塔顶落下来。铅弹浇铸塔就是一个高达45米的金属结构，塔最顶端的铸造间内装有熔化炉，塔下面是一个大水槽。浇铸成的铅弹还要再经过筛分和加工。熔化的铅滴在下落的过程中就已经

图59　铅弹浇铸厂的高塔

凝结成弹丸了，水槽的作用只是用来减轻铅弹下落之后的撞击，以免破坏它的圆球形状。（直径超过6毫米的铅弹，也就是所谓的霰弹，却是用另外一种方法制造的——先把铅条切成小段，然后滚压成形。）

"没有底" 的高脚杯

请您往一只高脚杯中注满水，让水面与高脚杯杯口齐平。在高脚杯旁边有一些大头针，或许，在杯子里还可以找出一点地方放一两枚大头针吧？试试看。

图60　令人称奇的装满水的高脚杯和大头针实验

现在请您开始向高脚杯内放入大头针，别忘了计数。放大头针时要小心：先把针尖小心翼翼地插入水中，然后轻轻地松开手，不要向下抛，以免产生振动使水溢出来。一枚，两枚，三枚，已经有三枚大头针落在了杯底，水面没有变化。十枚，二十枚，三十枚，杯子里的水还是没有溢出来。五十枚，六十枚，七十枚……已经整整一百枚大头针落入杯底，但是高脚杯中的水始终没有溢出来（图60）。

而且，水不但没有溢出来，甚至都没有明显地高出杯口。请您再多加一些大头针进去看看。二百，三百，四百，已经有四百枚大头针在杯中了，但还是没有一滴水从杯口溢出来。不过现在您已经可以观察到，水面已经鼓了起来，稍稍高出杯口。这种莫名其妙的现象的谜底恰恰就是这些向上凸起的水。如果玻璃上哪怕是有一点点油污，就很难沾水。和一切常用的餐具一样，我们的这只高脚杯在与人的手指接触时，也难免会在杯口上留下油脂的痕迹。水在被大头针排出时不会沾在杯口上，而是形成向上的凸起。这个凸起肉眼看起来并不明显，如果您花一点精力计算一下一枚大头针的体积，并与杯口上的这个不大凸起的体积进行比较，您就会知道，一枚大头针的体积要比这个水面凸起的体积小几百倍，这也就是为什么在装满水的高脚杯中还可以放入几百枚大头针的缘故。高脚杯的杯口越大，可以放进去的大头针数量就越多，因为凸起的体积也更大了。

为使上述论断更有说服力，我们来做一个大致的计算：大头针的长度大约为25毫米，直径大约是半毫米。根据已知的几何公式（$\pi d^2 h/4$）不难算出这个圆柱体的体积为5立方毫米。再加上大头针的帽，总体积也不会超过5.5立方毫米。

现在我们来计算高出杯口的水的体积。高脚杯杯口的直径为9厘米 = 90毫米，这样的圆面积大约等于6400平方毫米。假设凸起的水面高度只有1毫米，它的体积就是6400立方毫米，这要比大头针的体积高出1200倍。换句话说，"装满"水的高脚杯可以容纳一千多枚大头针！事实上，只要小心翼翼地向高脚杯中放入大头针，就可以放入整整一千枚，甚至看起来这些大头针已经把杯子装满了，有些都已经伸出到杯子外面了，杯子里面的水还是不会溢出来。

煤油的有趣特性

使用过煤油灯的人大概都遇到过这种令人很郁闷的情况：您在油杯中装满煤油，然后把它的外壁擦得干干净净，但是过了一个小时以后，外壁就又变成湿的了。这就是煤油的一个特性造成的。

出现这种情况的原因就是您没有把煤油灯的喷嘴拧紧，而煤油在顺着玻璃流动时，流到了油杯的外壁上。如果您不想再遇到这样的麻烦，就一定要把油嘴尽可能地拧紧。

煤油的这种"爬行"的特性，在使用煤油（或石油）做燃料的船舶上是非常令人讨厌的。如果不采取适当的措施，这种船就不能装载任何货物，除非是运送煤油或者石油；因为这些液体会透过看不见的缝隙从油箱中"爬"出来，不但会流到油箱的金属外壳表面，还渗到每一个角落，甚至流到乘客的衣服上，使所有的东西都散发出挥之不去的煤油味。人们尝试了各种方法对付这种恶作剧，但却经常是毫无成效的。关于煤油的这种特性，英国幽默作家杰罗姆在他的小说《三人同舟》中毫不夸张地写道：

"我不知道还有什么东西比煤油更具有到处渗透的能力。我们是把煤油装载在船头，它却从那里渗漏到了船尾，让一路上所有的东西弥漫着煤油的气味。煤油渗透了船身，滴入了水中，弄脏了空气和天空，毒害了生命。煤油风有时候从西面吹来，有时候又从东面吹来；过一会儿又从北面吹来，或者是从南面吹来的，谁知道呢，但无论是从冰雪覆盖的北极、还是从遥远的沙漠，风总是能吹到我们这里，让我们闻到煤油的"香味"。在傍晚的时候，这种"芬芳"完全摧毁了落日的美景，而月光呢，也散发着煤油味……我们把船泊在桥边，上岸到城里去走走，但是这种恐怖的气味始终追随着我们，仿佛整个城市都充满了这种气息。"（当然，事实上只是旅行者的衣服上满是煤油味罢了。）

煤油这种可以浸润容器外壁的特性，会使人产生一种误解，认为煤油会渗透过金属和玻璃。

不会沉入水底的硬币

硬币不会沉入水中，这种事情不光发生在童话里，在现实生活中也存在。您只要做几个简单的实验，就会相信这是真的了。让我们从最细小的物件—— 一根针—— 开始我们的实验。让一根针漂浮在水面，看起来是不

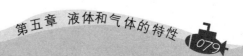

可能的事，但是实际上这件事情做起来并不怎么困难。把一小块书写纸放在水面上，再在纸上面放一根完全干燥的针。接下来就是把书写纸从针下面移开，我们可以这样做：取另外一根针或者大头针，轻轻地把书写纸的边缘按到水下，再一点一点地向内按压直到纸的中心；等到整张纸都湿透了，它就会沉到水下，而那根针却依旧漂浮在水面上。您可以把一块磁铁移近杯壁，注意一定要让磁铁和针在一个水平面上，这时您甚至可以控制针在水面上的游动（图61）。

如果您掌握了一定的技巧，甚至可以不借助于书写纸就把针放在水面上：只要用手指抓住针的中部，在距离水面不远的地方水平地把针放下就可以了。

图61　水中漂浮的针。上图是针的截面（直径为2毫米）以及水面下凹的真实情况（放大两倍）。下图是借助于小纸片让针漂浮在水面的方法

可以使用大头针（直径也不要超过2毫米）、很轻的纽扣以及不大的扁平金属物件代替针来做这个浮力实验，操作熟练后，就可以试试让硬币漂在水面上了。

这些金属物件之所以能够漂浮在水面的原因，就是我们用手拿这些物体时会使它们的表面附着一层薄薄的油脂，使得水不容易浸润金属。正因为如此，针漂浮在水面上时，在水面上会形成一个甚至可以用肉眼看见的凹陷。液体的表面薄膜试图恢复原有的平面，也就对针产生了向上的压力，正是这个力支撑着针，使它不会沉下去。此外，支撑针漂浮在水面的还有液体的浮力，根据浮力定律：针所受到的向上浮力，等于它所排开的

水的重量。使针漂浮在水面的最简单方法是，在针上涂抹一层油，这样针可以直接放到水面上，而不会沉下去。

筛子盛水

现在，连用筛子盛水这样的事情也不只是故事中才会出现了，物理学的知识可以帮助我们完成这件通常认为是不可能完成的任务。取一只直径约为15厘米的金属网筛子，筛孔不必太小（大约为1毫米），然后把筛子浸入熔化的石蜡。最后把筛子从石蜡中取出：金属丝上就会附着一层薄得几乎用肉眼看不到的石蜡。

现在，筛子依旧是筛子，上面的筛孔还可以透过大头针，但是现在"您可以用它来盛水了"，这句话完全可以按照字面意义来理解。用这样的筛子甚至可以盛放相当高的一层水，而不至于从筛孔中漏出，只要在加水时小心一点而且不要震动就可以了。

为什么水不会漏出来呢？因为水是不会浸润石蜡的，所以水在筛孔处会形成下凸的薄膜，正是这个薄膜支撑着水，使其不会漏出去（图62）。

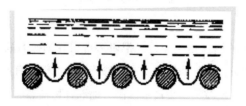

图62 为什么水不会从浸过石蜡的筛子里漏出去

如果把这种浸过石蜡的筛子放入水中，它就会漂浮在水面上。这就是说，这种筛子不仅能够盛水，还能够在水面上漂起。

这个不可思议的实验，可以用来解释一些我们在日常生活中非常熟悉，以至于从不去思考原因的做法：例如在木桶和小船上涂上树脂，在塞子上抹油，给所有我们想做成不透水的东西刷上油漆或者油性物质，以及给纺织物

挂胶，等等——所有这些，与我们刚才所做的给筛子涂上石蜡都是出于一个目的。事情的本质都是一样的，只不过筛子盛水这件事看起来更不寻常罢了。

泡沫如何为技术服务

让针和硬币漂浮在水面的实验，与矿冶工业上的矿石"精选"——也就是提高矿石中有益成分的含量——有相似之处。在技术上有很多种选矿方法，我们现在要提及的这种方法叫做"浮选法"，是最有效的一种，甚至在使用其他方法不能达到目的的时候，这种方法还能够取得效果（图63）。

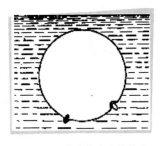

图63　浮选法选矿的原理

浮选法选矿的原理是这样的：把研磨得很碎的矿石装到一只盛有水和油性物质的槽里，这种油性物质有一种特性，能够在有益矿物粒子的外面包上一层薄膜，使粒子不会被水浸润。把混合物剧烈搅动使之与空气混合，就会产生很多极小的气泡——泡沫。外面包着薄油膜的有益矿物粒子在与气泡的外膜接触时，就会附着在气泡上，并随着气泡上升，就像氢气球在大气中可以把吊篮升起一样。那些没有包着油膜的无用矿物粒子，却不会附着在气泡上，仍然留在液体里。我们应该注意到，气泡的体积要比有益矿物粒子的体积大得多，因此气泡的浮力是足够把这些固体颗粒带到水面上去的。结果，几乎全部的有益矿物粒子都被包裹在泡沫中。最后，把这层泡沫提取下来继续处理，就可以得到所谓的"精矿"，而精矿中所含的有益矿物要比原始矿石中的有益矿物高几十倍。

现在，对浮选法技术的研究已经非常精细，只要选择适当的混合液，就可以从任意成分的矿石中把每一种有益矿物都分离出来。

浮选法选矿的思想并不是理论研究的成果，而是起源于对一个偶然事件的仔细观察。在十九世纪末期，一名美国女教师凯瑞·艾弗森在洗涤一条曾经装过黄铜矿石且沾满油污的麻袋时，意外地发现，黄铜矿的颗粒跟着肥皂泡浮了起来。正是这件事情推动了浮选法选矿的发展。

臆想的 "永动机"

在某些书中，偶尔会把以下这种结构的设备（图64）当作真正的 "永动机" 来描写：盛放在一个容器中的油（或者水），被灯芯吸到上面的容器里，然后从这个容器中被另一批灯芯吸到更高的容器里；最上面的容器上有一个出油槽，油从这里流出，落在下面这个轮子的叶片上，使轮子转动起来。然后，流到底下的油又再次给灯芯吸到最上面的容器里。于是，出油槽不断有油流出，不断地落在轮子上，轮子也就会永远地旋转下去……

假如描写这种转轮的作者们能够花费一些精力把它制造出来，那么他们一定就会确认，不但这个轮子不会转动，甚至连一滴油都不会流到最上面的那个容器里！

图64　无法实现的转轮

个中原因不难猜到，而根本不必把轮子真正制造出来。的确，为什么发明人认为油会从灯芯上面的那个拐弯的地方向下流呢？是因为毛细吸力，它可以克服重力，把液体沿灯芯吸上去，但是同样的原因也会使液体留在灯芯的毛细管里，而不会滴下来。即使我们假定毛细吸力能够把液体吸到上面的那个容器里，那么，同样是这些把液体吸上来的灯芯，就又会把液体送回到下面的容器里去。

这台臆想的永动机会让我们想起另一台水力"永动机"，那是一位意大利机械师大斯特拉达在1575年发明的。我们在这里展示一下这个可笑的设计（图65）。一部阿基米德螺旋泵，在旋转的时候把水提升到上面的槽里，然后水再从一个小水槽流下来，落在一只水轮的叶片上（右下方）。水轮带动磨床旋转，同时通过一组齿轮带动前面提到的那个阿基米德螺旋泵，把水提升到上面的槽里。这样，阿基米德螺旋泵转动水轮，而水轮转动阿基米德螺旋泵……假如这一类机械是可能的话，那么，这样做就更简单了：把一条绳子绕过滑轮，绳子两端各挂一个重量相同的砝码，那么，这边的砝码落下来的时候，它就把另外一个拉了上去，而当那个砝码从高处落下来的时候，又把第一个砝码拉上去了。这难道不是"永动机"吗？

图65　一个古老的设计——可转动磨石的水力"永动机"

肥皂泡

您会吹肥皂泡吗？这件事情可并不像想象得那么简单。我原来也认为吹个肥皂泡不需要什么技巧，直到事实向我证明，吹出又大又漂亮的肥皂泡，的确是一门艺术，是需要好好练习的。那么，像吹肥皂泡这种无聊的事情，也值得去做吗？

肥皂泡在日常生活中并不会让人太去关注，至少我们不会饶有兴趣地谈起它。但是，物理学家对它却有完全不同的看法。"吹出一个肥皂泡，"伟大的英国科学家开尔文曾这样写道，"并且观察它，你会用毕生之力研究它，并且由它引出一堂又一堂的物理课程。"

的确，薄薄的肥皂泡表面上魔幻般的色彩，为物理学家测量光波的波长提供了可能，而研究这些脆弱的薄膜的张力，又有助于粒子间相互作用力定律的研究，这种力就是附着力，如果没有它，世界上除了最微小的灰尘以外就什么都不会存在了。

当然，下面要讲到的几个实验，并不是用来解决这些重大问题的。这只是一种有趣的娱乐，让您对吹肥皂泡的艺术有所了解。英国物理学家博伊斯在《肥皂泡》一书中，详尽地描写了一长串五花八门的肥皂泡实验，在这里我们只介绍几个最简单的实验。

肥皂泡可以用普通肥皂的溶液吹出（用香皂吹肥皂泡的效果要差一些），但是我们向十分感兴趣的读者推荐橄榄油肥皂或杏仁油肥皂，因为这两种肥皂最适合吹出又大又漂亮的肥皂泡。把一小块这样的肥皂放入干净的冷水里仔细地溶化，直到形成很浓稠的肥皂液。最好用干净的雨水或雪水，如果没有就用凉开水。为了能让肥皂泡更持久，普拉托建议在肥皂液中按体积加入三分之一的甘油。用一个小勺将溶液上面的泡沫和气泡去掉，再把一根细陶管的一端用肥皂里外抹一遍，然后插入到溶液中去。用一根10厘米左右长、尾端开成十字花型的麦秸也可以取出不错的肥皂泡。

吹肥皂泡的过程是这样的：把细管竖直地放到肥皂液里蘸一下，让管口形成一层肥皂液薄膜，然后小心翼翼地向管内吹气。由于肥皂泡里充满了从我们肺部呼出来的温暖气体，而这些气体比房间里的空气要轻一些，因此吹出的肥皂泡就会向上飘起。

　　如果能够成功地吹出直径10厘米以上的肥皂泡，就说明肥皂液是合格的，否则就要在肥皂液中继续加入肥皂，直到可以吹出这样大小的肥皂泡为止。但是这还不够，在肥皂泡吹出来以后，要在手指上蘸些肥皂液，并试着把手指伸进肥皂泡里；如果肥皂泡没破，则可以进行下一步实验；而如果肥皂泡破了，就要在肥皂液中再加入一些肥皂。

　　在做肥皂泡实验时一定要缓慢、仔细、平稳。光照也一定要尽可能充足，否则，吹出的肥皂泡就不会展现虹彩般绚丽的色彩。

　　下面就是几个有趣的肥皂泡实验。

　　肥皂泡中的花朵。把一些肥皂液倒在汤盘或者托盘上，使盘子的底部覆盖一层2~3毫米厚的肥皂液；在盘子中央放一枝花或者一只小花瓶，并用一个玻璃漏斗罩住。然后，慢慢地把漏斗抬起，从细管的这一端向里面吹气，于是就形成了一个肥皂泡；等到这个肥皂泡达到一定大小以后，如图66所示，将漏斗倾斜，慢慢地从下面的肥皂泡上拿开。这时，那朵花就被罩在一个透明的、半球形的、如彩虹般五光十色的透明罩子下面了。

图66　肥皂泡的实验：花朵上的肥皂泡，花瓶四周的肥皂泡，在大肥皂泡里面的小雕像上的肥皂泡，一个套一个的肥皂泡

　　也可以用一座小雕像来代替花朵，这样还能给这个小人带上一个肥皂泡做的皇冠（图66）。为此，需要在小雕像的头上滴一些肥皂液，在大肥皂泡吹出以后，把一根细管穿过大肥皂泡，在小雕像的头上再吹出一个小肥皂泡。

　　一个套一个的肥皂泡（图66）。首先，像在前一个实验中那样，用漏斗吹出一个大肥皂泡。然后把一根秸秆，除了我们要含在嘴里的那一端之外，全部浸入到肥皂液中并蘸上肥皂液，再把秸秆伸到第一个大肥皂泡里面，一直伸到中间，再慢慢地抽回来，在还没有抽到大肥皂泡边缘的时候，吹出第二个肥皂泡，这个肥皂泡就会被包在前一个里面了。如法炮制，可以再吹出第三个、第四个肥皂泡……

　　两个圆环之间的肥皂泡圆柱（图67）。首先，吹出一个球形肥皂泡，并把它放在下面的那个圆环上，然后把另一个沾有肥皂液的圆环贴在这个肥皂泡上，向上抬起，把肥皂泡拉长，直到形成一个圆柱为止。有趣的是，假如您把上面的圆环提升到比其周长更大的高度，圆柱的上一半就会缩小，另一半变大，最终分裂为两个肥皂泡。

图67　如何制作圆柱形的肥皂泡

　　肥皂泡的薄膜始终处于张力的作用之下，而且对它里面的空气产生压力；把漏斗口接近蜡烛的火焰，您就可以证实，这么薄的薄膜的力量并不是微不足道的，火焰会被明显地吹向一边（图68）。

图68　空气被肥皂泡的外壁压出

　　当肥皂泡从温暖的房间进入到一个寒冷的房间时，您可以看到一个

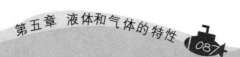

有趣的现象：它的体积会明显缩小。相反地，如果从寒冷的房间进入到温暖的房间，肥皂泡的体积就会膨胀。原因当然是肥皂泡内部空气的热胀冷缩。举例说明：如果在零下15℃的时候，肥皂泡的体积是1000立方厘米，那么，当它进入到温度是零上15℃的房间之后，它的体积大约会增加$1000 \times 30 \times 1/273 \approx 110$立方厘米。

我们还需要指出，我们一般都会认为肥皂泡寿命很短，这并不完全正确：如果对肥皂泡进行精心的呵护，肥皂泡可以保存几十天。英国物理学家杜瓦（他因对空气液化的研究成果而享誉盛名）曾把肥皂泡保存在特制的瓶子里，隔绝灰尘、干燥和空气的震动，在这种条件下杜瓦成功地把肥皂泡保存了一个多月。美国的劳伦斯利用一个玻璃罩，把肥皂泡保存了好几年之久。

什么东西最薄？

大概只有少数人知道，肥皂泡的薄膜是我们可以用肉眼看到的最薄的东西之一。我们在形容一个东西很薄时，经常用"细得像头发丝一样"，"薄得像纸一样"这样的词汇，但我们哪里知道，头发丝和纸，跟肥皂泡比起来，简直是太粗太厚了——肥皂泡薄膜的厚度，大约只有头发丝和纸的1/5000。人类的头发在放大200倍后大约有1厘米粗，而肥皂泡的截面在放大200倍后还几乎看不见。需要再放大200倍，肥皂泡薄膜的截面看起来才像是一条细线，而头发丝在放大这么多倍（放大40000倍）以后，就会有2米多粗了。图69直观地展示了肥皂泡与一些细小物体的对比关系。

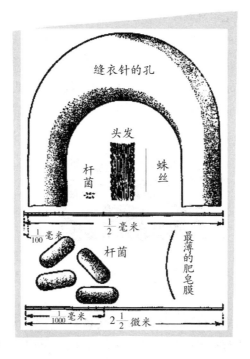

图69 上方为放大200倍后的针鼻、人发、杆菌和蜘蛛丝。

下方为放大40000倍后的杆菌和肥皂泡薄膜

不湿手

请您把一枚硬币放在一个平底的大盘子里，倒上水，没过硬币，然后，邀请您的客人用手把硬币直接拿出来，但不许把手弄湿。

这看起来又是一个不可能完成的任务，但我们只要借助一只玻璃杯和一张燃烧的纸就可以完成它。请您把纸点燃，投入到玻璃杯中，然后迅速地把杯子倒转过来，底朝上扣在盘子上，硬币的旁边。纸烧完后，杯子里面全是白烟，过一会儿，盘子里面的水就会自动汇集到杯子里去了。硬币，当然还留在原地，只需要等一会儿，硬币干了，您就可以把它拿出来，手指却不会被弄湿。

是什么力量把水赶到杯子里面去，并让它保持在一定的高度呢？这就是大气压。燃烧的纸加热了杯子里面的空气，使空气的压力增加了，就把一部分空气排了出来。等纸片熄灭以后，杯子里面的空气又变冷了，压力也随之降低，外部空气的压力就把盘子中的水赶到杯子里面去了。

也可以不用纸片，而是用几根插在一只软木塞上的火柴，如图70所示。

图70　怎样把盘子里面的水收集到一只倒置的玻璃杯中

我们经常听别人讲到，甚至是在书中读到一些关于这个古老实验的不正确解释（首先对本实验进行描述并给出正确解释的是拜占庭的物理学家费隆，这位物理学家大约生于公元前1世纪），也就是说燃烧的纸片"烧光了杯子里面的氧气"，因此杯子里面的气体就减少了。这样的解释犯了一个严重的错误。最重要的原因是空气被加热，而不是什么纸片烧掉了一部分氧气。这是因为，首先，在这个实验中，完全不必使用燃烧的纸片，只要把杯子在沸水中烫热就可以。其次，如果用浸满酒精的棉花球来代替纸片，它可以燃烧得更久，就把空气烧得更热，水几乎可以升到杯子的一半；而我们都知道，氧气只占全部空气体积的五分之一。最后，还得指出，氧气"燃烧"后会生成二氧化碳和水蒸气，二氧化碳可以溶于水，但是水蒸气会占据氧气原来的部分体积。

我们怎么喝水？

我们怎样喝水，真的要思考这样的问题吗？当然是真的。我们把杯子或茶匙贴在嘴边，然后把里面装的东西"吸"进去。正是这个我们已经习以为常的简单的"吸"，需要解释一下。真的，为什么液体会走进我们的嘴里去呢？是什么东西把它们带进去的呢？原因是这样的：在喝水的时候，我们的胸腔扩大，这样就会把口腔里的空气抽进去；在外部空气压力作用下，液体就会流向压力比较小的空间——于是就流进我们的口腔里去了。这里发生的情况，跟连通器里的液体所发生的情况一样：假如我们把连通器的一个支管上面的空气抽走，那么在大气压强的作用下，这支管里的液面就会升高。相反，如果您用嘴唇包裹住瓶口，那么无论您怎么用力，都不可能把水从瓶里吸入口中，因为这时口中的空气压力和瓶中水面上的空气压力是相等的。

总之，严格来讲，在喝水时我们不仅要用嘴巴，还要用肺部；要知道肺部的扩张才是水流进我们嘴里的原因。

改进的漏斗

那些曾经使用漏斗把液体灌进瓶子里的人一定知道，需要时不时地把漏斗提起来一下，否则液体在漏斗里就不会向下流了。这是因为，瓶子里面的空气找不到出去的路，这些空气的压力就会阻碍漏斗里的液体流进瓶中。当然，开始会有一些液体流下去，这是因为瓶里的空气在液体压力的作用下，被略微压缩了。但是，被压缩的空气会具有更大的压力，大到足以和漏斗里水的重量保持平衡。现在就清楚了，我们把漏斗提起，就是给压缩的空气提供一条出路，这样，漏斗里的水就会重新向下流了。

因此，一种非常实用的办法就是在漏斗的细管外面加上一些竖着的棱，这些棱可以使漏斗不会紧紧地贴在瓶口上，从而给瓶内的空气提供一条出路。

一吨木头与一吨铁

大家都知道这个恶作剧的问题：一吨木头和一吨铁，哪一个更重？有人会不假思索地回答：一吨铁重，引起周围人的哄堂大笑。

如果有人回答说：一吨木头比一吨铁更重，那么开玩笑的人就会笑得更大声了。这样的观点好像没有任何道理，但是，严格地讲，这个答案却是正确的！

我们这么说的原因是：阿基米得定律不仅适用于液体，也适用于气体。每个物体在空气中所"损失"的重量，等于这个物体排开空气的重量。

木头和铁，在空气中当然都会损失一部分重量，要得出它们的真实重量，需要把损失的重量加上去。因此，在我们这个问题中，木头的真实重量等于1吨加上与这些木头体积相同的空气重量；而铁的真实重量等于1吨加上与这些铁体积相同的空气重量。

但是，一吨木头所占的体积，要比一吨铁的体积大得多（大约为15倍），因此，一吨木头的真实重量要比一吨铁的真实重量大！表达得更明确一些，我们应该这样说：在空气中称重为一吨的木头的真实重量，要比在空气中称重为一吨的铁要大一些。

一吨铁所占的体积为1/8立方米，而一吨木头的体积大约为2立方米，那么这两种物体排开空气的重量之差大约为2.5公斤。您看，一吨木头实际上比一吨铁要重这么多！

没有重量的人

变得像羽毛一样轻，甚至比空气还要轻，（人们通常认为，羽毛比空气要轻，实际上，羽毛非但不比空气轻，还要重上几百倍。羽毛之所以能够在空中飘荡，仅仅是因为羽毛的表面积非常大，羽毛运动时受到的空气阻力，要远远大于它的重量）摆脱恼人的重力束缚，自由自在地升到高空，想去哪里就飞到哪里——这是我们许多人儿时的梦想。但是，这时我们通常会忘记一件事，那就是人之所以能够自由地在地面上活动，只是因为人比空气重。实际上，就像托里拆利所说的，"我们就生活在大气海洋的最底层"，那么，假如我们由于某种原因突然变轻一千倍，变得比空气还要轻，就不可避免地要飘到这个大气海洋的表面。那时候，在我们身上发生的事情，就会与普希金笔下的"骠骑兵"遇到的情况一样："我把整瓶酒都喝光了，信不信由你，我突然像羽毛般地向上飘了起来。"在这种情况下，我们就会升到几千米以上的高空，一直上升到稀薄的空气密度同我们身体密度相等的地方为止。而自由自在地游遍高山大河的梦想也会完全破灭，因为，在挣脱引力的桎梏后，我们就会成为另外一种力量——大气流的俘虏了。

图71　"我在这儿呢，老兄！"帕伊克拉夫特说道

在作家威尔斯的一部科学幻想小说中，就曾经描写过这种不同寻常的情况。一位异常肥胖的人千方百计想要减肥，小说的主人公恰好有一个神奇的药方，可以让胖人摆脱自己过多的体重。这个胖子向他讨得了药方，把药服了下去，于是，当那位小说主人公去探望这位老朋友的时候，出乎意料的情况让他大吃一惊（图71）。他敲了敲房门：

很久都没有人来开门。我先是听到了钥匙转动的声音，然后传来了帕伊克拉夫特的声音：

"请进。"

我转动手柄，打开房门。当然，我以为会看到帕伊克拉夫特。

可是，您知道吗？他不在房间里。书房里面乱七八糟，盘子碟子乱放在书籍和文具之间，好几张椅子倒在了地上，但是帕伊克拉夫特却不在这里。

"我在这儿呢，老兄！请关上门，"他说道。这时候我才看到他，他在门框上边，靠近门的角落里，好像有人把他粘在了天花板上。他的脸上充满了愤怒，还有恐惧。

"如果动一下，帕伊克拉夫特，您就会掉下来，摔断脖子的。"我说道。

"如果那样的话，我倒是会很高兴。"他说。

"像您这样年纪和体重的人，竟然迷恋上了这种体操。但是，见鬼，您在那里抓得住吗？"我问道。

但是我突然发现他什么也没有抓，而是漂浮在上面，就像一个气泡一样。

他努力地想离开天花板，顺着墙壁爬向我这里。他抓住了一只木版画的框子，但是画框掉下去了，于是就又重新飞回到天花板。他撞到天花板上，这时我才明白为什么他身体的凸出部分都沾满了白灰。他再一次更小心地试图利用壁炉爬下来。

"这种药，"他气喘吁吁地说，"好使的太过分了，差不多把全部体重都减掉了。"

这时我才恍然大悟。

"帕伊克拉夫特！"我说，"您需要的是治疗肥胖，但您却一直把它叫做体重。好了，等一会，我来帮您。"我对他说。然后，抓住这个不幸的人的胳膊，把他向下拉。

他在屋里面到处跳来跳去，想找一个地方站稳，这情形真是太好笑了！这与在大风里想拉住船帆的情形非常相似。

"这个桌子，"不幸的帕伊克拉夫特说，他已经跳得精疲力竭了，"非常结实，还很重，请把我塞到桌子下面去。"

我照他的话做了。但即使被塞到写字台下面，他还是在那不停地摇摆，好像一只系在绳上的气球，一刻也不能安静下来。

"显然，有一件事情，"我说，"无论如何您都不能做，就是不能去到屋外，如果您突然想出去走走，走到屋外，您就会飘起来，越来越高。"

我的想法是他必须适应这个新的状况。我暗示他，学会在天花板上用两只手走路，大概也不是太困难的事情。

"我没办法睡觉。"他抱怨道。

我告诉他完全可以在床的钢丝网上装一个软褥子，用带子把所有贴身衣物绑在上面，把被和床单也捆在床的边上。

我们给他搬来了一架梯子，还把食物放到书橱顶上。我们突然产生了一个非常高明的办法，使帕伊克拉夫特可以随时回到地面上，这个办法其实很简单，就是把《不列颠百科全书》放在开放式书橱的最上一层的，现在，只要胖子随便抽出几卷，把书拿在手里，便可以落到地板上来了。

我在他的家里呆了整整两天，手持摇钻和铁锤，在这里为他制作了各种各样巧妙的辅助设施：在房间里面拉了一根铁丝，使他能够碰到叫人铃，等等。

我坐在壁炉旁边，他还是悬挂在自己最爱的角落上，在窗帘旁，正在把一张土耳其地毯钉到天花板上去，这时候我想起一个主意来：

"天呐，帕伊克拉夫特！"我大声喊道，"我们所做的这一切事情都是多余的！在衣服里面装一层铅衬里，不就一切都解决了吗！"帕伊克拉夫特高兴得差点没哭出来。

"去买一块铅板，"我说，"把它缝在衣服里面。还要穿带铅掌的靴子，手里再提一只实心铅块做成的大手提箱，那一切就就绪了！那时候您就不必被关在这里了，您可以到国外去，可以去旅行。而且您永远也不用害怕轮船遇险，因为到时您只要把衣服从身上脱掉一些或者全部脱掉，您就可以在空中飞行了。"

所有的这一切乍一看完全符合物理学定律。但是，不能不对故事中个

 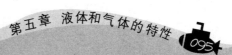

别的细节提出异议。最重要的异议就是，即便体重完全消失了，胖子也并不可能升到天花板上去！

事实上，根据阿基米得定律，帕伊克拉夫特，只有在他的衣服以及口袋里的所有东西的重量比他那胖身躯所排开空气的重量小，才能飘到天花板上去。人体体积那么多的空气重量是多少，这是不难计算的，只要我们能够回想起：我们身体的重量与同样体积水的重量差不多。我们体重大约是60公斤，同样体积水的重量也差不多是这些，而通常密度的空气的重量比水要轻770倍，这也就是说，跟人体体积相同的空气的重量为80克。就算帕伊克拉夫特先生很肥胖，恐怕也不会超过100公斤，所以，他所排开的空气也不会超过130克。难道帕伊克拉夫特身上的衣服、鞋子、钱包以及其他东西的总重量会不超过130克吗？当然不可能，这些东西一定会超过130克。如果是这样，这位胖子就应该停留在房里的地板上，虽然会处于十分不稳定的状态，但是，至少不会像"系在绳上的气球那样"，飘到天花板上去。只有在脱光衣服后，帕伊克拉夫特才会真正飘到天花板上去。如果穿着衣服，他应该更像一个绑在跳球上的人；肌肉稍微用力，轻轻的一跳，就会把他带到距离地面很高的地方，如果没有风，就又慢慢地落下来（关于跳球详见本作者《趣味力学》一书第四章）。

"永动的"钟表

我们在本书中已经介绍了好几种臆想的"永动机"，并且也解释了发明永动机的努力没有希望的原因。现在我们来谈谈一种"免费"的发动机，也就是能够不定期长时间运转，但却不需要任何关照的发动机，因为这种发动机所需要的能量来自周围环境中取之不尽的储藏（图72）。所有人都应该看见过气压计——水银气压计和金属气压计。在水银气压计里，汞柱的顶点总是会随着大气压的变化升起或降下；在金属气压计里，随着大气压的变化，指针会进行摆动。在18世纪，一位聪明的发明家采用气压计的这种运动来发动钟表机芯，制造出一只能够自行发动，而且永不停转的钟表。英国著名的机械师和天文学家弗格森看到这个有趣的发明以后，曾经这样评价道（在1774年）：

"我仔细观察了上面说的那只时钟，它是通过一个特制的气压计里汞柱的升降进行驱动的；没有理由认为这只时钟会在某一时刻停下来，因为即使把气压计完全断开，积聚在这只时钟里的动力，也足够维持它转动一年之久。应该坦白地说，据我对这只时钟的细致观察，无论在构造上、还是在制作上，它都是我见到过的最精巧的装置。"

遗憾的是这只时钟没有能够保留到今天，它被偷走了，也没有人知道它现在在什么地方。不过，这位天文学家所绘的结构图保留了下来，因此还有可能把它复制出来。

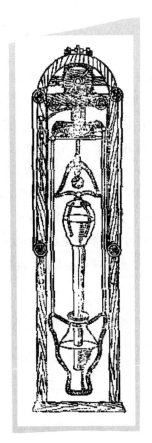

图72　18世纪的"免费"发动机构造

　　在这只时钟结构中，包括一只大型水银气压计：一只挂在框架上的玻璃瓶，以及一只颈瓶朝下插在这只玻璃瓶里的长颈瓶，在上述容器中，一共装了150公斤水银。玻璃瓶和长颈瓶是可以相对活动的。还有一组巧妙的杠杆，可以在大气压力增加的时候，把长颈瓶下移，把玻璃瓶上移；在气压降低的时候，做相反的运动。这两种运动都会让一只小齿轮按一个方向转动。只有在大气压完全不变的情况下，这个齿轮才会静止不动——但是在这个间歇的时间里，借助于钟摆下落积累下来的能量，时钟装置仍然能够运转。要做到既能让钟摆向上提升，同时又利用它们的下落来带动机芯，是不容易做到的，但是，古代的钟表匠却有足够的创造力解决这个问题。原来，气压变化产生的能量明显超过了需求量，也就是说，钟摆上升的速度要比下落快；因此需要一个特别的装置，等到钟摆提升到最高点的时候，周期性地把它们放下去。

　　读者很容易发现这种"免费"的发动机或者类似的装置与"永动机"的重要原则性区别。在"免费"的发动机里，能量不是像永动机的发明家所幻想的那样从一无所有中产生，它所需要的能量是从外部获得的，在我们的这个例子里，钟表的驱动能量来自于周围的大气，而大气中的能量是从阳光获取的。在实践中，如果"免费"的发动机的制造成本与它们所能产生的能量相比，不是太贵的话（在大部分情况下是非常贵的），"免费"的发动机就像真正的"永动机"一样有益了。

　　稍后，我们还会介绍另外一类"免费"的发动机，到那个时候，我们就会举例说明，为什么说这种发动机在工业上通常是得不偿失的。

第六章
热现象

十月铁路在什么时候比较长？在夏天，还是在冬天？

对于这样一个问题："十月铁路有多长？"

有人这样回答："平均长度为640千米，在夏天，大约要比冬天长300米。"

这个答案虽然很出乎意料，但却不是看起来的那样荒谬。如果我们把铁路的长度定义为无缝隙钢轨的总长度，那么夏天的铁路长度确实应该比冬天长。我们不会忘记，钢轨受热后长度会增加——温度每提高1℃，钢轨的长度就会增加原来的1/100000。在炎热的夏日，钢轨的温度可以达到30℃~40℃，甚至更高；有时候太阳会把钢轨晒得非常热，甚至可以把人烫伤。而在寒冷的冬季，钢轨的温度会降到-25℃，乃至更低。我们假设夏、冬两季的温差为55℃，那么把铁路长度的640千米乘以0.00001，再乘以55，我们就会得出1/3千米。由此可见，事实上这段从莫斯科到彼得格勒的铁路，在夏天要比在冬天长1/3千米，也就是大约300米。

当然，铁路的长度是不会变化的，变化的只是全部钢轨的总长度。这两者并不是一回事，铁路上的钢轨并不是紧紧连接在一起的：在两根钢轨的连接处会留有一定的缝隙——钢轨的热涨余量。如果钢轨长度为8米，那么在0℃时，两根钢轨之间的间隙应该为6毫米。只有钢轨的温度上升到65℃时这个间隙才会被填满。由于技术原因，在铺设有轨电车轨道时，不能在两根钢轨之间留有接缝。在一般情况下，这种钢轨连接方式不会导致轨道翘曲，因为有轨电车的轨道是铺设在土壤中，温度的波动不是特别大。但是在非常炎热的酷暑，还是会发生有轨电车轨道翘曲的情况，图73中的照片，非常直观地展示了这种情形。我们的计算显示，所有钢轨总长度的增加是表现在这些轨间接缝的总长度上的。与严寒的冬天相比，在炎热的夏天，铁轨总长度的增加可以达到300米。总而言之，夏天十月铁路的钢轨长度，确实比冬天多300米。

图73　在天气极其炎热的时候，有轨电车轨道也会出现翘曲

铁路上的钢轨有时候也会发生翘曲情况，这是因为在铁路的斜坡上，动车组在行驶的时候会带动钢轨移动（有时候甚至会带动枕木移动），最终在这些路段钢轨间的接缝经常会消失，钢轨的两端就会紧紧地连接在一起。

没有受到惩罚的盗窃

在彼得格勒—莫斯科一线，每个冬天都会有几百米昂贵的电话线和电报线消失得无影无踪，虽然说大家都知道这件事是谁干的，但是却没有人为此感到不安。当然，您也知道肇事者是谁：这个偷电线的人就是——严寒。我们前面谈到的关于钢轨的情形，在电线上也完全会发生，唯一的区别就是：铜质电话线的受热膨胀程度要比钢大1.5倍。而电话线上是没有钢轨间的那种接缝的，所以我们可以不附带任何前提地断言：彼得格勒—莫斯科之间的电话线，在冬天要比在夏天短500米左右。严寒在每个冬天都会偷走差不多500米的电话线而不会受到任何惩罚，而且也没有给电话电报工作造成任何影响，等到天气转暖，又会准时地把偷走的电话线归还回来。

但是，如果这种冷缩现象不是发生在电话线上，而是发生在桥梁上，那么后果就有可能非常严重了。下面就是1927年12月报纸上的一则详细报道：

> 法国连续几天遭受严寒的袭击，使巴黎市中心塞纳河上的桥梁受到严重损坏。桥梁的铁质构架遇冷收缩，使桥面上的水泥翘起、碎裂，桥上交通暂时关闭。

埃菲尔铁塔的高度

如果现在再有人问您：埃菲尔铁塔有多高？您在回答"300米"之前，想必会补充一句：

在什么季节，冷的时候、还是热的时候？因为您知道这样一个庞大铁制建筑物的高度不可能在所有温度下都是一样的。我们知道，一根300米长的铁杆，温度每升高1℃，长度就会增加3毫米。埃菲尔铁塔的高度在温度升高1℃以后，也会增加这么多。在巴黎，晴天的时候这座铁塔铁制材料的温度可以达到40℃，而在寒冷的阴雨天，就会下降到10℃，而在冬天还会降到0℃，甚至−10℃（在巴黎极度严寒十分罕见）。这样我们就看到了，温度的波动幅度达到40多度，所以埃菲尔铁塔高度的波动范围也会有：$3 \times 40 = 120$毫米，也就是12厘米（比这一行文字还要长）。

对埃菲尔铁塔高度的直接测量结果显示，埃菲尔铁塔对温度变化的敏感度比空气还要高：在阴天，当阳光突然出现时，铁塔的升温和降温更快，会更早地做出反应。艾菲尔铁塔高度的变化，是借助于一种特制的镍钢丝发现的，这种材料具有长度几乎不受温度变化影响的特性。这种出色的合金叫做"因瓦"（来自拉丁语"不变的"一词）。

总之，艾菲尔铁塔在热天要比在冷天高出一小块，大约有这行字这么长，而这么一小块铁，是一生丁都不值的。

从茶杯到玻璃管液位计

有经验的主妇在往杯子里面倒茶水的时候，为防止杯子炸裂，通常会在杯子中放一只小勺，最好是银制的小勺。这种非常正确的方法来自生活中的经验，但这种方法的理论依据是什么呢？

回答这个问题之前，我们还需要弄清楚：为什么在倒开水的时候，杯子会炸裂？

原因很简单——玻璃的膨胀不均匀。开水倒进玻璃杯以后，并不是立刻把整个杯子都烫热：先热的是玻璃杯的内壁，而这时候玻璃杯的外壁还没有热。玻璃杯的内壁受热，已经开始膨胀，而外壁却没有变化，因此就会承受来自内壁的强烈挤压，于是外壁就被挤破，玻璃杯也就炸开了。

您可不要以为：买壁厚的杯子，不就不会再遇到这样的"惊喜"了。如果这样做，您就大错特错了，因为从这个意义上来说，厚杯子更不结实：厚杯子要比薄杯子更容易被烫炸。原因很明显：玻璃杯壁越薄就越快热透，就越快达到内外壁的温度均衡，膨胀也就一样了——与此相反，厚玻璃杯的杯壁要更久才能热透。

在挑选薄的玻璃器皿的时候，千万不要忘记一点：不仅杯壁要薄的，杯底也要薄。因为在倒入开水的时候，主要热的是杯底，如果杯底较厚，不管杯壁有多薄，整个杯子还是会炸裂。那些有着厚厚的圆底足的玻璃杯和瓷杯，也是很容易烫炸的。

玻璃器皿越薄，就越可以放心大胆地加热。化学家使用的就是这种非常薄的玻璃器皿，就算是直接在酒精灯上加热，水在容器中沸腾，也不用担心容器会出现问题。

当然，最理想的器皿，应该是在加热时完全不膨胀的器皿。石英的受热膨胀系数就非常小，比玻璃小15~20倍。用透明石英制成的厚壁器皿，无论怎么加热都不会破裂。甚至可以把烧红的石英器皿丢到冰水里，也不必为它的完好性担心（在实验室中，经常使用石英器皿还有一点原因，那就是石英的熔点非常高，只有在温度超过1700℃的时候，石英才开始变软）。这在某种程度上也是因为石英的导热系数比玻璃大得多。

玻璃杯不仅在快速加热的时候会破裂，就是在快速冷却的时候，也会这样。此时，玻璃杯破碎原因是不均匀的冷缩：杯子的外层遇冷收缩，强烈地压向还没来得及冷却并收缩的内层。因此，举个例子，不能把装着热果酱的玻璃罐放到寒冷的室外或者直接浸到冷水里，等等。

现在，我们回到放在玻璃杯中的小勺上来。小勺对杯子的保护作用的理论依据是什么呢？

只有在把沸水一下子倒进杯子的时候，玻璃杯内外壁的加热程度才会有很大差别；而热水就不会导致玻璃杯的内外壁的加热程度差别很大，因此玻璃各部分的膨胀也不会有很大差别，也就是说，热水是不会使容器炸裂的。假如把一只小勺放在杯子里，会发生什么呢？在滚烫的液体被倒进杯底的时候，在烫热玻璃（玻璃的导热性较差）之前，会先把一部分的热量传导给热的良导体——金属，这样，液体的温度降低了，从开水变成了热水，就没有什么害处了。再继续向杯子里倒开水，对杯子来说也不那么危险了，因为杯子已经稍稍烫热了。

总而言之，杯子里的金属匙（尤其是这把金属匙很大），会缓和杯子受热的不平均，从而防止了杯子的碎裂。

那为什么说，如果小匙是银制的效果就会更好一些呢？因为银是热的良导体；银匙要比铜匙的散热更快。回忆一下，放在热茶杯里的银匙是多么烫手！根据这一点，你甚至可以准确无误地确定制作茶匙的材料：铜匙是不会很快烫手的。

玻璃壁的不均匀膨胀，不仅威胁茶杯的完整性，并且还威胁到蒸汽锅

炉的重要部分——用来确定锅炉水位的玻璃管液位计。玻璃管液位计的内壁在被蒸汽和沸水加热的时候，要比外壁膨胀得厉害。除了这种原因导致的张力之外，玻璃管液位计还要受到蒸汽和水的巨大压力，因此很容易破裂。为了防止破裂，有时候会使用双层玻璃来制作玻璃管液位计，两层玻璃的品质不同，里面一层的膨胀系数比外面一层要小。

浴室中靴子的故事

是什么原因使冬季的白天短黑夜长，而在夏季却正好相反呢？冬季的白天，与其他的看得见和看不见的事物一样，是由于冷缩的缘故才变短的；而点起的灯火照暖了夜晚，所以黑夜就变长了。

契诃夫的短篇小说《顿河的退伍士兵》中的这段有趣的论述，一定会让您感到很可笑，这也太离谱了。但是，嘲笑这种"学术"观点的人，自己也经常会创造出同样荒诞无稽的理论来。有谁没有听到或者读到过浴室中靴子的故事呢，说洗完澡以后，靴子穿不进去，是因为"脚受热膨胀，体积增大"的缘故。这个著名的例子几乎成为一个经典，人们也经常给出各种荒诞无稽的解释。

首先，在洗澡的时候，人体的温度基本不会升高：在浴室内体温的升高一般不会超过1℃，最多不超过2℃（在桑拿浴房）。人的机体能够有效地抵御外界温度变化的影响，并使体温保持在一定的范围内。

在体温升高1~2℃的情况下，人体体积的增加基本可以忽略不计，根本不可能影响到穿靴子。人体中，无论是硬组织还是软组织，其受热膨胀系数都不会超过万分之几。也就是说，体温升高时，人的脚和小腿最多也就会胀大百分之几厘米，难不成靴子在加工时会精确到0.01厘米——一根头发的粗细吗？

但是，事实的确是不容置疑的：洗完澡以后靴子确实很难穿进去。但是，穿不进去的原因不是受热膨胀，而是由于充血、皮肤肿胀、表皮润湿等其他原因，这与热现象没有任何关联。

奇迹是怎样创造出来的

希罗喷泉的发明者，古希腊机械师亚历山大里亚的希罗，曾经讲述过两种巧妙的方法，古埃及的祭司们正是使用这两种方法欺骗民众，使他们相信奇迹的存在。

在图74中，您可以看到一座中空的金属祭台，祭台下面装着一个可以控制庙宇大门开合的装置。祭台设在庙宇的外面。当祭司在祭台中点燃火焰的时候，祭台内的空气受热膨胀，会对藏在祭台下面容器中的水产生强大的压力，把水从容器中压出，顺着管子流到水桶中，水桶下落，带动那个装置，把庙门打开（图75）。目击者惊讶之余，是不会想到地板下面暗藏着一套装置，而是会以为自己见证了神的"奇迹"：只要祭台上的火一燃起，庙门就会"听从祭司的祷告"，自己打开了。

图74　揭秘埃及祭司的"奇迹"：祭台之火打开庙门

图75　庙门的构造图。祭台上点火之时，庙门会自己打开

图76中显示的是祭司们创造的另外一个伪奇迹。当祭坛上的火点燃以后，膨胀了的空气，就会把下面油箱中的油压到暗藏在祭司雕像中的管子里，这时，油就会奇迹般地自己滴到火上去……但是只要主持祭祀的祭司悄悄地把油箱盖子上的木塞拔掉，油就会不再涌出了（因为多余的空气已经从这个孔中跑出去了）；如果祈祷人的布施太少，祭司们就会使用这一招。

图76　另外一个古代的伪奇迹：燃油自动注入祭祀之火中

不用上发条的钟表

我们在前面已经介绍过一种不需要上发条的钟表（准确地说，是不需要人工上发条），那个表的机械装置是依靠大气压的变化驱动的。这里，我们再详细研究一种基于热胀原理的自行走动的钟表。

这种钟表的驱动装置示意图显示在图77上。其主要部件为两只金属杆Z_1和Z_2，采用特殊的合金制成，具有很大的膨胀系数。金属杆Z_1抵在齿轮X上，当这个金属杆受热膨胀变长时，会使齿轮微微转动。而金属杆Z_2抵在齿轮Y上，当这个金属杆遇冷收缩变短时，也会使齿轮朝同一个方向微微转动。两个齿轮X和Y都套装在转轴W_1上，该转轴转动时会带动装有汲水斗的大转轮。汲水斗会从下方的水银槽中汲入水银，并把水银带到上面的水银槽中，流向左边的转轮。左边的转轮上也装有汲水斗，当这些汲水斗装满水银后，就会带动这个转轮旋转，同时带动环绕在小轮K_1（小轮K_1与左边的大转轮安装在同一根转轴W_2上）和K_2上的传动链KK，小轮K_2转动时就会拧紧这只表的发条。

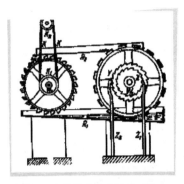

图77　自己给自己上弦的时钟

那么从左边转轮汲水斗中流出的水银又会去哪里呢？这些水银会沿着水银槽R_1的斜坡重新流向右边的大转轮，不停地循环使用。

可以看出，这种装置是会运转起来的，只要金属杆Z_1和Z_2在伸长或者缩短，装置就不会停下来。这样，只要空气的温度在不断变化，或升高，或下降，就会不停地给这只表上发条。而温度的变化是随时都在发生的，并不需要我们的额外关注：外界空气温度的任何变化都会引起金属杆或变长或变短，也就会慢慢地、不停地给钟表上发条。

可以把这种钟表叫做"永动机"吗？当然不能。虽然在机械装置磨损之前这只表会一直走下去，但是它的动能来源是周围空气的热量。热胀冷缩效应产生的能量会被一点一点地蓄积起来，在表针转动时不断地消耗。这台"免费"的发动机可以自行运转，不需要我们去关注，也没有额外的消耗，但它却不能凭空创造能量：它的动力本源来自阳光照耀大地时产生的热量。

在图78和图79中展示了另外一种自动上发条的钟表，这只表的重要组成部分是甘油：空气温度升高时甘油会受热膨胀，提起一个小配重块，这个配重块在落下的时候会带动表的机芯。由于甘油的凝固点为-30℃，而沸点为290℃，所以这种钟表可以适用于城市广场和其他室外场所。2℃的温度变化就足以保证这只钟表的正常工作。曾有一只这种钟表的样品在长达一年的测试过程中都运行得良好十分，而且在这一年的时间内没有任何人接触过它。

那么基于这个原理制造一台更大的发动机是不是更有好处呢？乍一看，好像这样"免费"的发动机是非常经济的，可是经过计算，我们得出的是全然不同的结论。为了驱动一只普通的钟表，每昼夜一共只需要1/7公斤的能量。

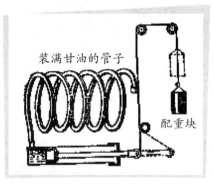

图78　另外一种自行驱动钟表的结构图

图79　自行驱动钟表。底座下方的细管内装满甘油

四舍五入后就是每秒1/600000千克。我们知道，1马力等于75千克力米/秒，所以一只普通钟表机芯的功率只有1/45000000马力。这就是说，即使我们假设前面两种自行驱动钟表的驱动装置成本（金属杆，或者底座下的驱动装置）只有1戈比，功率仅仅为1马力的这种类型的发动机的成本也要有：1戈比×45000000 = 450000卢布。

功率为1马力的发动机差不多要值50万卢布，即使这种"免费"发动机不再消耗其他能量，恐怕也太贵了吧。

香烟能教会我们什么

火柴盒上放着一只点燃的香烟（图80），香烟的两端都有烟冒出来。但是，从过滤嘴那一端冒出来的烟是向下走的，而另外一端冒出来的烟却向上飘，这是为什么呢？要知道，从香烟两端冒出来的是同样的烟啊！

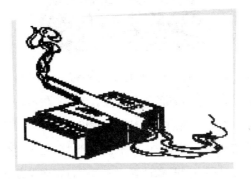

图80　为什么从香烟两端冒出的烟雾，在一端是向上飘，而在另外一端却是向下走

不错，的确是同样的烟，但是在点燃的那一头，空气加热后产生上升气流，把烟雾颗粒带着向上走；但是含有烟雾颗粒的空气在经过烟杆和过滤嘴之后就冷却下来了，由于烟雾颗粒自身比空气要重，所以不会向上飘，而是向下走了。

在开水中不会溶化的冰块

请取一只试管，装满水，再放入一小块冰，为了不让冰飘上来（冰比水要轻），可以用铅弹、铜块或者其他重物压住，但是不要完全堵住，给水留下自由流动的空间。现在，把试管放在酒精灯上加热，注意，要让酒精灯的火焰只能烧到试管的上部（图81）。很快，水就开始沸腾了，冒出一缕缕蒸汽。但奇怪的是：试管底部的冰却没有融化。在我们面前，似乎

发生了一个小小的奇迹：在开水中不会融化的冰。

图81　试管上部的水已经沸腾，但是下面的冰块却没有融化

谜底是这样的：试管底部的水根本没有沸腾，依然是冷水，沸腾的只是试管上部的水。在我们面前的不是"沸水里的冰"，而是"在沸水底下的冰"。水受热膨胀后会变轻，因此不会沉到试管底部，而是仍然留在试管的上部。水的热循环也只是在试管的上部进行，而没有影响到密度更大的下方水层。下部的水只能通过热传导的方式被加热，但是水的导热系数是非常小的。

放在冰上边，还是放在冰下面？

我们想要烧水的时候，一定是把水壶坐在火上，而不是放在火焰侧面。这种做法是完全正确的，因为空气被火焰加热以后会变轻，从各个方向向上流动，并流过水壶四周。

因此，把需要加热的物体放在火焰上方加热，是利用热源的最有效方法。

但是，如果我们想用冰来冷却一个物体，这时候应该怎么做呢？许多人按照习惯，会把需要冷却的物体放在冰的上面，比如，把一罐牛奶放在冰上面。其实这样做是不恰当的，因为冰上面的空气冷却以后，就会向下流动，被四周的热空气所置换。从这里可以得出一个具有实践意义的结论：如果您想冷却饮料或者食物，不要把它放在冰块的上面，而是要把它放在冰块的下面。

让我们解释得再详细一些。如果把装水的容器放在冰上面，被冷却的仅仅是最下面的一层水，而容器其余部分的周围则还是未被冷却的空气。与此相反，如果把冰块放在容器的盖子上，则容器内的东西会冷却得快一些。因为上层的液体冷却以后会向下流动，下面热的液体会流上来，这样不停地循环，直到容器中的所有液体都冷却下来为止（纯净的水不能被冷却到0℃，而只能被冷却到4℃，在这个温度下水的密度最高。当然，在实际生活中也没有把饮料冷却到零度的必要）。另外一方面，冰块周围的冷空气同样会向下流动，包围这个容器。

为什么窗子关上了，还是有风吹进来？

我们经常会遇到这样的情形：窗子关得严严的，没有一丝一毫的缝隙，但我们还是会感觉到有风。这看起来很奇怪，但同时又没有什么可奇怪的。

房间内的空气几乎从来不会处于静止状态，在受热和遇冷的时候，空气就会流动，只是我们的眼睛无法看到这些气流。空气受热后会变得稀薄，也就是会变轻；而空气在遇冷之后，则相反，会变得稠密，即变重。被集中供热暖气片或者火炉加热的轻空气，会被冷空气向上挤压，流向天花板，而窗子和寒冷的墙壁附近的比较重的冷空气，则会向下流，流向地面。

借助于孩子们玩的氢气球，可以很容易观测到房间内这种气流的存在。做这种观察，只需要在氢气球的下面挂上一个小重物，使气球不会飘到天花板上去，而是自由地飘浮在空中。如果我们把气球在火炉附近放离，就会看到气球在整个房间里面游荡：先升到火炉上边的天花板上，然后飘向窗子，在那里落到地面，再重新回到火炉旁边，开始下一次的房间之旅。

这就是为什么在冬天的时候，窗子关得严严的，外面的空气根本不可能透入室内，但我们却时常会感到有风在吹，特别是在脚下。

神秘的风轮

在一张书写纸上剪下一个长方形，沿长方形的两条中线对折两次，再把纸展开：这样您就知道这块长方形纸片的重心在哪里了。现在请您把这个小纸片放在一根竖着的针的针尖上，让针尖正好顶着这个重心点。

纸片会保持在平衡状态，因为它的支点恰好位于重心。只要轻轻地吹一下，小纸片就会在针尖上旋转起来。

到目前为止，我们还没有看到任何神秘的东西。现在请您把手移近纸片，就像图82中所示的那样，要慢慢地把手伸过去，避免手带动空气把纸片吹掉了。这个时候，您将会看到一个奇怪的现象：小纸片开始旋转，开始转得很慢，然后旋转速度逐渐加快。如果您把手移开，纸片就会停止旋转；再把手移近，纸片又会重新旋转起来。

图82 为什么纸片会旋转

有一段时间，19世纪70年代，这种神秘的旋转现象使很多人相信：我们的身体具有某种超自然能量。神秘学的爱好者认为，从这个实验中他们找到了可以证明其理论——人体可以发出神秘力量——的证据。实际上，纸片旋转的原因很自然，也很简单：您在对折纸片寻找重心的时候，使纸片的各个部分有了一定的倾斜，这样在您把手移近纸片的时候，纸片下方的空气被您的手掌加热，向上流动，遇到纸片后就带动纸片旋转了起来，这与我们都知道的，放在灯上方的加热会旋转的纸风车类似。

细心的观察者一定会发现，前面提到的小风轮总是朝着一定的方向旋转——从手腕方向，沿着手掌心向手指方向旋转。这是手上各个部位的温差造成的：手指的末端总是比手掌心要凉一些，所以在手掌心附近会形成相对更强的上升气流，与在手指处形成的气流相比，给纸片的冲击力也就更大一些。[还可以发现，人在发疟疾的时候，总的来说在体温升高的时候，会使这个小风轮转得更快。有一位学者曾经利用这个让人一度感到迷惑的小仪器进行了物理生理学研究，并在1876年的莫斯科医学协会上做了报告。（涅恰耶夫，手部热量驱动很轻的物体旋转）]

皮袄能够温暖我们吗？

如果有人想要让您相信"皮袄完全不会温暖我们"，您会说什么？您肯定会以为这是跟您开玩笑。但是，假如他开始用一系列实验证明这一点呢？比如，可以做一个这样的实验。取一只温度计，记住它显示的温度，然后用皮袄把温度计裹起来。过几个小时以后再把温度计拿出来，这时您就会相信，温度一点也没有升高：原来温度计上的读数是多少，现在还是多少。这就是"皮袄不会温暖我们"的有力证明。那么，您是否会怀疑，"皮袄甚至会冷却物体"。请您准备两只冰袋，将一只冰袋用皮袄裹起来，另外一只不要封闭，直接放在房间里。等到第二只冰袋中的冰融化后，展开皮袄：您会看到，这里的冰甚至还没有开始融化。这就是说，皮袄不但没有把冰加热，甚至好像还在冷却它，让冰的融化变慢！

您还有什么可说的呢？怎么推翻这个结论呢？没有办法推翻。皮袄的确不能温暖我们，如果这里"温暖"的意思是给予热量。灯泡可以温暖，炉子可以温暖，人体可以温暖，因为所有这些东西都是热源。但是皮袄，从这个意义上来说，却一点也不会温暖，只是保温。因为皮袄不会把自己的热量传递给我们，它只会阻止我们身体的热量散失到外面去。温血动物的身体自身就是一个热源，他们穿着皮袄会比不穿皮袄感到温暖，这是根本原因。而温度计自身并不会产生热量，所以，就算是我们把温度计裹在皮袄里，它的温度不会变化。包裹在皮袄里的冰，能够更长时间地保持它的低温，是因为皮袄是一种热的不良导体，减缓了房间中空气的热量向冰的传导。

从这个意义上来讲，与皮袄一样，雪也可以保温。雪与一切粉末状的物体类似，是热的不良导体，雪覆盖在地面上以后，会妨碍地面的热量散失。如果我们用温度计测量覆盖有积雪的土壤的温度，会发现这里的温度常常比没有雪覆盖的土壤温度高出十度左右。

这样一来，对于"皮袄会温暖我们吗"这个问题，应该回答：皮袄只会帮助我们自己温暖自己。更准确地说，应该是我们温暖皮袄，而不是皮袄温暖我们。

我们的脚下是什么季节？

当在地面上是夏天的时候，在地底下，比如说地面以下3米深的地方，是什么季节呢？您认为那里也是夏天吗？那您就错了！地面上的季节和地底下的季节完全不同，而不是像我们所想象的那样。土壤的导热性非常差。在彼得格勒，埋在地面以下2米深的自来水管即使在最冷的严冬也不会冻裂。地球表面上的温度变化，会以非常慢的速度传播到土壤深处，到达不同土层的延时非常大。例如，在斯卢茨克（彼得格勒）所做的土壤温度的直接测量结果显示，在地下3米深的地方，一年中最暖时间的到来要比在地面上晚76天，而最冷时间的到来要晚108天。这就是说，假如在地面上最炎热的那天是7月25日，那么在地下3米深处，最炎热的那天要等到10月9日才能到来！假如在地面上最寒冷的那天是1月15日，那么在地下3米深处，这一天要等到5月才能到来！在更深的土层，这个延时就更明显了。

随着地下深度的增加，温度的变化不但会有延时，而且还会减弱，到了某一个深度，温度的变化就完全停止了——在那里，一整年，甚至整整一百年，只有一个固定不变的温度，也就是那里的年平均温度。在巴黎天文台的地窖里设有一支温度计，还是当年拉瓦锡放在那里的，一个半世纪过去了，这支温度计上温度从来没有改变过，始终显示着同一个温度

（11.7℃）。

　　总而言之，我们脚下的土壤中，从来没有出现过同地面上相同的季节。在地面上是冬季的时候，在地下三米深的土层中还是秋季，当然，这不是地面上刚刚过去的那种秋季，而是温度适当降低的秋季；而当地面上夏季到来的时候，从地下才刚刚传来冬季远去的脚步声。

　　这种现象，在谈到地下动物（例如金龟子的幼虫）和植物地下部分生活条件的时候，是一定要引起重视的。我们不应该对这样的事情感到惊讶，比如，在我们熟知的各种树木的根部，细胞的繁殖恰好在一年中寒冷的半年进行，而所谓的形成层组织在整个温暖季节里几乎停止活动，而这一切，与地面上树干的情形恰好相反。

图83　在纸锅里面煮鸡蛋

　　如果您看到图83中的画面：水里煮着鸡蛋，而水却装在一只纸做的小杯中！您一定会说，"纸现在就会烧起来，水会流到酒精灯上"。那么请您找一张厚的羊皮纸并把它牢牢地固定在铁圈上，亲自尝试一下做这个实验，您就会确信：纸锅一点也没有被火烧坏。原因如下：在敞开的容器中，水只能被加热到沸点，也就是100℃，由于水的比热容很大，所以在被加热的时候会吸收纸上的多余热量，不会使纸的温度明显高于100℃，也就是不会达到能够让纸开始燃烧的温度。更实用的方法是采用如图84所示的纸做的小盒子，火苗不断地舔舐着锅底，但是纸却没有被点燃。

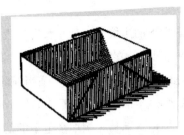

图84 烧开水用的纸盒子

　　有些马马虎虎的人会不小心把空水壶坐在火上烧，结果当然是很痛心的：水壶被烧开焊了。这与我们前面讲到的纸锅煮鸡蛋的实验属于同一个类型，原因很清楚：焊锡是相对易熔的金属，只有在与水接触时才不会有温度过高的危险。同样不能把有焊点的锅子不装水直接坐在火上。在老式马克沁机枪中，就是采用水冷方式给枪管降温的，以防止机枪的部件熔化。

　　您还可以再做一个这样的实验，在一个用纸牌做的小盒子里熔化一个铅块。需要注意的是，火苗在纸盒上烧到的位置，一定是纸盒与铅块直接接触的地方。由于铅是金属，热的良导体，所以会快速吸收纸上的热量，使纸的温度不会超过335℃（铅的熔点）很多；而这个温度，不足以使纸牌燃烧起来。

　　下面的这个实验也很简单易行的（图85）：把一个窄纸条螺旋状紧绕在一根很粗的钉子或者铁条（铜条的效果还要更好）上面，然后把它放在火上烧。火苗会把纸条吞没、熏黑，但是不会被点燃，直到铁条都被烧红了。这个实验的谜底同样是金属的优良导热性；如果我们用玻璃棒来做这个实验，一定是不会成功的。图86上显示的是一个类似的实验：紧紧缠绕在钥匙上的"不怕烧"的棉线。

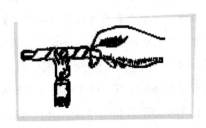

图85 不怕烧的纸

图86　不怕烧的棉线

为什么冰是滑的?

在擦得很光亮的地板上，要比在普通地板上更容易滑倒。似乎在冰上也应该是这样，也就是说，平整的冰面应该比凹凸不平的粗糙冰面更滑。

但是，如果您曾经使用人拉雪橇运载过货物，您就会知道，拉着雪橇在凹凸不平的冰面上行进，要比在平整的冰面上明显省力得多。粗糙的冰面比镜面般平整的冰面更滑！这种现象一定会出乎很多人的意料。如何解释呢？因为冰的滑度，主要不是取决于它的平整度，而是由另外一个及其特别的原因决定的：在压强增大的时候，冰的熔点会降低。

现在让我们来搞清楚，在滑雪橇或者滑冰的时候，究竟发生了什么事情。穿着冰鞋站在冰面上的时候，我们的支撑面积很小，一共只有几平方毫米，我们的全部身体重量都压在这个很小的面积上。假如您能够想起第二章中谈及的压强问题，您就会明白，溜冰者对于冰面产生的压强是极大的。在这么大的压强下，冰的熔点就会降低；比如说，现在冰的温度是-5℃，而冰刀产生的压力，会使与冰刀接触的冰面熔点降低5℃以上，在这种情况下，这部分冰就开始融化了。[理论上可以通过计算得出：为使冰的熔点降低1℃，需要一个相当大的压强——每平方厘米130公斤。但是雪橇和冰鞋能够对冰产生如此巨大的压强吗？如果把雪橇（或者滑冰者）的重量分配在整个滑铁（或者冰刀）的面积上，得出的数字会小很多。这就证明，与冰面紧密接触的远非整个滑铁的面积，而只是它的很小的一部分。这时候会发生什么事情呢？此时在冰鞋的刀刃和冰面之间生成了一薄层水，十分自然地，溜冰者就可以轻松滑行了。当他的脚移动到另外一个地方的时候，那里也会发生同样的情形。也就是说，在溜冰者经过的地方，他脚下的冰都会变成一薄层水。在所有已知物体中，只有冰具有这种特性，因此一位前苏联物理学家把冰称作"自然界唯一滑的物体"。其他物体只是平，而不是滑。（在进行理论计算时假设，冰与水在融化时受到的压强是相同的。作者还描述了一个示例，冰融化后生成的水处于大气压强之下，这时为降低冰熔点所需要的压强就会减少。——译者注）

现在还是让我们回到"平整的冰面还是粗糙的冰面更滑"的问题上来。大家都知道，同样一个重物，支撑的面积越小，产生的压强就越大。那么，在哪种情况下人体对支撑点产生的压力更大呢：是他站在镜面般平整的冰面上、还是站在粗糙的冰面上的时候呢？很显然，是在第二种情况下：因为在这个时候，对人形成支撑的只是粗糙冰面上不多的突起。而对冰面的压强越大，冰融化得就越多，因此，冰面也就会越滑（这种结论只是在滑铁有一定宽度时才正确，因为如果滑铁非常窄，就会切进冰的小突起里面，这时候一部分运动能量就要消耗在切割冰面突起上了）。

日常生活中的许多其他现象，都可以用"巨大压强使冰熔点降低"的理论来解释。正是由于冰的这个特性，把碎冰块放在一起用力挤压，就可以使它们冻在一起。孩子们在打雪仗的时候，会把雪块放在手里挤压，做成雪团，正是无意识地利用了冰粒（雪花）的这一特性：巨大的压强使它们的熔点降低，融化后又重新冻在一起。堆雪人的时候，我们会把雪团放在地上滚，形成大雪球，此处我们再一次利用了冰的上述特性：在雪球与地面接触的地方，雪球自身的重量会产生巨大的压强，使那里的雪融化，然后粘在雪球上。现在您应该清楚了，为什么在极其寒冷的天气里，捏出的雪团很松，雪人也不容易堆成。在人行道上，被行人踩踏过的雪会逐渐凝结成冰：雪花受压后冻在一起，形成整片的冰。

关于冰柱的问题

您有没有思考过，我们经常见到的从屋檐上垂下来的冰柱是怎么形成的？

在什么样的天气会形成冰柱呢：在冰雪开始消融的时候、还是在严寒的时候？如果说是在冰雪开始消融的时候，为什么水会在零度以上的温度里结冰呢？假如说冰柱是在严冬形成的，屋檐上的水又是从哪里来的呢？

您看到了吧，问题可不是最初想象得那么简单。如果要形成冰柱，一定要同时存在两个温度：使冰雪融化的温度——高于零度，使水结冰的温度——低于零度。

事实上也的确是这样的：屋顶斜坡上的积雪会融化，是因为阳光的照射使雪的温度高于零度，而水滴流到屋檐的时候又会结成冰，是因为那里的温度低于零度。当然，我们这里谈的不是"由于室内温度较高导致屋顶积雪融化，形成冰柱"的情况。

请您想象一下这样一幅景象：晴朗的天气，阳光普照着大地，温度只有-1℃~-2℃。但是斜射在地面上的阳光不足以使积雪融化。但是在对着太阳那面的屋顶斜坡上，阳光并不是像照在地面上那样斜着照上去的，而是要直一些，以一个更接近于直角的角度照上去的。我们知道，光线与被照射平面的夹角越大，光照强度就越大，加热程度也就越大。光线的照射作用与光照角的正弦成正比。对于图87中的那种情况，屋顶上积雪接收到的太阳光热量，要比同样面积的地平面上的积雪所接收到的热量高出2.5倍。这是因为60℃的正弦值要比20℃的正弦值大2.5倍。这就是屋顶斜坡会被阳光晒得更热，从而使上面的积雪能够融化的原因。融化的雪水会顺着屋檐

图87　倾斜的屋顶要比水平地面被太阳晒得更热（图中的数字为阳光照射角度）

一滴一滴流下来，但是屋檐下面的温度却低于零度，水滴由于蒸发作用而变冷，最后凝结成冰。下一个水滴又流到这个冰滴上，又结成冰，然后是第三滴、第四滴……逐渐形成一个小冰溜。当下一次出现这种天气时，这些冰溜就会变得更长，最后形成冰柱，就像在地下洞穴中钟乳石一样越来越长。之所以在小板棚以及其他不取暖的场所的屋檐下能够形成冰柱，就是这个原因。

我们眼前发生的很多更大的现象，也是这个原因引起的：要知道，不同气候带以及一年中不同季节的巨大差异，在很大程度上（但不是完全出于这个原因：另外一个重要的因素是白昼的持续时间不同，白昼的持续时间是指太阳可以照暖地球的时间段。然而，这两个原因都是出自于同一个天文学现象：地球自转轴与绕日公转平面的倾角。）也是光照角度造成的。无论是在冬季、还是在夏季，太阳与我们之间的距离基本上是一样的，太阳至两极和赤道的距离也是一样的（距离虽然有所不同，但是相差很小，不起任何作用）。但是在赤道附近的地面上，阳光照射角度却比在两极要大，而且这个照射角度在夏季又比在冬季大。正是这个原因造成了一天内的明显温差，也使自然界变得丰富多彩。

第七章
光　线

被捉住的影子

影子啊，黑色的影子，
谁能够不被你追上？
谁能够不被你超越？
只有你，黑色的影子，
不会被捉住被拥抱！

　　　　——涅克拉索夫

　　我们的祖先不能捉住自己的影子，但却学会了如何从影子中获益：利用影子画出"剪影"——人体的投影像。

　　今天，摄影技术的发明使每一个人都可以拥有自己的照片或者给最亲近的人留影。但是在18世纪的人们就没有这么幸运了：请画家为自己画像，需要付出大把的钞票，只有少数人才有这样的经济实力。所以当时剪影十分流行：就像现代的照片那样普遍。剪影就是被我们捉住并且被定住的影子。剪影是通过机械手段得到的,从这个意义上来讲,与照相术正好相反。我们应用的是光线,而我们的祖先为了同样的目的,利用的却是光的反面——影子。

在图88中,我们可以看到剪影的绘画方法。画中人需要把头转到某一个角度,以便使轮廓特征最为明显,画家再用铅笔把这个轮廓描绘下来,然后在这个轮廓内涂上墨水,剪下来贴在一张白纸上,一个剪影就画成了。还可以根据意愿使用专门的工具——缩放仪(图89)把剪影缩小。

图88 绘制剪影的古老方法

图89 剪影的缩小方法

图90 席勒的剪影(1790年)

您不要以为这个简单的黑色轮廓不能反映本人的形象特点。相反，一个好的剪影有时候与本人有着惊人的相似之处（图90）。

"在简单的轮廓中体现人物的特征"，剪影的这一特点吸引了很多画家，他们用这种风格画出了整幅的图画、风景等，而且逐渐发展为一个绘画流派。

"剪影"这个单词的起源很有趣：它来源于18世纪中叶法国的一位名叫艾提耶纳·德·西卢埃特的财政部长的姓氏，这位财政部长曾经号召崇尚奢靡的法国民众注意节俭，并且责备法国贵族们把大量金钱浪费在肖像和图画上。由于剪影很便宜，于是人们就风趣地把它称为"A La Silhouette"（意思就是"西卢埃特式"）。

鸡蛋里的小鸡雏

利用影子的特性，您可以跟自己的同伴们开一个有趣的玩笑。取一张厚纸板，在中间剪出一个方形的开孔，再把一张浸过油的纸蒙在这个方孔上，这样就制成了一个小银幕。请您的朋友们坐在银幕的一侧，在银幕的另一侧放两个灯泡。点亮其中一只灯泡，比如，点亮左边的那只。

在点亮的灯泡和银幕之间的铁架上放一个剪成椭圆形的小纸片，于是在银幕上就出现了一个鸡蛋的剪影（右边的灯泡还没有点亮）。现在，请您向观众宣布，您将启动爱克斯光机，大家会在鸡蛋里看到……一只小鸡雏！果然，瞬间过后，您的客人们看到鸡蛋剪影的边缘变亮了，在鸡蛋的中央可以清楚地看到一只小鸡雏的剪影（图91）。

这个小戏法的谜底非常简单：您

图91　伪造的爱克斯光照片

点亮了右边的灯泡，而灯的前面放着一个剪成鸡雏形的纸片。在右边的那个灯泡的照射下，在椭圆形的鸡蛋影子上又叠加了"鸡雏"的影子，因此"鸡蛋"的边缘要比中间更亮一些。坐在银幕另外一侧的观众，看不到您的操作，如果他们对物理学和解剖学一无所知，可能真的会以为您用爱克斯射线穿透了鸡蛋。

搞怪的照片

很多人也许并不知道，即使照相机上没有安装放大镜（镜头），而只是一个小圆孔，也同样可以拍出照片来，只不过在这种情况下拍出来的照片没有那么鲜亮而已。这类没有镜头的照相机的一个有趣的变种就是"狭缝"相机，在这种相机中，是用两条交叉的狭缝代替小孔的：在相机的前端装有两块小隔板，其中一块板上开了一个竖直的狭缝，而在另外一块板上开有一个水平的狭缝。如果把两块隔板紧紧地贴在一起，就与用小孔照相机一样，拍出的照片是正常的，没有变形。如果两块遮隔板之间有一定的距离（隔板被故意做成可以活动的），那情况就完全不同了：照片会发生奇怪的变形（图92和图93），与其说是照片，还不如说是一张漫画。

图92　使用狭缝相机拍摄出来的"搞怪"照片。影像沿水平方向被拉扁

图93　沿垂直方向被拉伸的"搞怪"照片（使用狭缝相机拍摄）

　　这种变形的照片是如何拍摄出来的呢？就让我们来分析一下水平狭缝位于竖直狭缝前端的这种情况（图94）。图形D（十字形）上的竖直线发出的光线穿过第一个狭缝C时，就像穿过一个普通的小孔，而后面的狭缝一点也不会改变这些光线的进程。因此，在毛玻璃A上获得的这些竖直线的影像的尺寸，取决于毛玻璃A与隔板C之间的距离。

　　然而，同样的狭缝位置，却会使水平线在毛玻璃上形成的影像完全不同。图形D上的水平线发出的光线穿过第一个（水平）狭缝时没有遇到任何阻碍，在达到竖直狭缝B之前不会形成交叉；这些光线经过狭缝B时如同经过一个小孔，在毛玻璃A上形成影像，而影像的尺寸取决于毛玻璃A与第二个隔板B之间的距离。

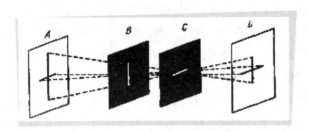

图94　为什么狭缝相机会使影像产生变形

　　长话短说，在这种狭缝分布情况下，对于竖直线来说，好像只有前面一个狭缝存在；而对于水平线来说，正好相反，只有后面的狭缝存在。而前面的狭缝要比后面的狭缝距离毛玻璃更远，所以毛玻璃上影像在竖直方

向上的放大比例，要超过在水平方向上的放大比例：影像就好像是沿竖直方向被拉长了一样。

与此相反，如果把两个隔板的位置交换，就会拍出沿水平方向被拉扁的影像，请对比图92和图93。

不言而喻，如果狭缝是斜着放的，就相应的会得到其他种类的变形。

这一类相机可不仅仅是用来拍摄搞怪照片的，它还可以用于更重要的生产实践，比如，可以用来制作建筑装饰图案、地毯和壁纸的花纹等，一般来说，就是用于获得在某个方向上被拉长或压扁了的各种装饰图案和花纹。

关于日出的问题

假设您在早晨5点整看到了日出。我们都知道，光不是瞬间传播的：从光源到我们的眼睛，需要一定的传播时间。所以，可以提出这样一个问题：假设光是瞬间传播的，我们会在几点钟看到日出？

光从太阳跑到地球需要8分钟，这就是说，如果光是瞬间传播的，我们应该在8分钟之前看到日出，即4点52分。

但是，这个答案是完全错误的，这也许会让许多人感到十分意外。其实，所谓的"日出"，只是我们的地球把一些点转到了有阳光照射的地区而已。因此，在光是瞬间传播的情况，我们看见日出的时间，与光是逐渐传播的情况相同，也就是说，依然是早晨5点整。如果我们还要考虑到所谓的"大气折射"，则结果就会更加出人意料了。折射导致光在空气中的传播路线发生弯曲，使我们可以在太阳真正地出现在几何地平线上之前，看到日出。如果光是瞬间传播的，就不会发生折射，因为折射就是由于光在不同介质中传播速度不同才产生的。如果没有折射，会使观察者，比在光不是瞬间传播的情况下稍晚看到日出；这个时间差会在2分钟、几昼夜，甚至更长（在极地纬度）的时间范围内波动，这取决于观察点的纬度、空气的温度以及其他条件。我们这时得出了一个很有趣的悖论：在光是瞬间传播（也就是无限快）的情况下，我们看到日出的时间，比在光不是瞬间传播的情况下还要晚！如果读者有兴趣继续研究这个问题，请参考《您是否了解物理学》一书。

但是，如果您是在观察（用天文望远镜）太阳边缘上某种凸起（日珥）的出现，那就是另外一回事了：如果光是瞬间传播的，就可以提前8分钟发现它。

第八章
光的反射和折射

看穿墙壁

在19世纪90年代，曾经卖过一种有趣的装置，它有一个很响亮的名字——爱克斯光机。记得，当时我还是一名学生，第一次把这个巧妙的发明拿在手里的时候，我是多么纳闷：这个管子的的确确可以让你隔着不透明的物体看到后面的东西？

我借助于这个装置，不仅隔着厚纸，而且隔着真正伦琴射线都无法穿透的刀刃，看见了后面的东西。这个玩具的秘密并不复杂，您只要看一眼图95中的原形，就会明白它的构造。在这个管子中装有四个成45度斜角的

图95 假的爱克斯光机

反光镜，把光线连续发射几次，就绕过了不透明的物体。

　　在军事上，类似的仪器有着十分广泛的应用。只要借助于一种叫做"潜望镜"（图96）的仪器，就可以坐在战壕里观察敌人的动态，而不必把头露出地面，就是说，不必把自己暴露在敌人的炮火下。

图96　潜望镜

　　从光线进入潜望镜的地方至观察者眼睛的这一段距离越长，潜望镜所能够看到的视界就越小。采用光学玻璃系统可以扩大潜望镜的视界。但是玻璃会吸收一部分透过潜望镜的光线，使被观察物体的清晰度受到影响。这个原因使潜望镜的高度受到一定限制，二十米高度差不多已经是极限了；更高的潜望镜只能呈现小得可怜的视界和不清晰的景象，特别是在阴暗的天气时。

　　潜水艇的艇长在观察需要攻击的船只时，使用的同样是潜望镜—— 一根顶端伸出水面的长长的管子。潜水艇上的潜望镜，要比陆地上使用的潜望镜复杂得多，但原理却是相同的：安装在潜望镜前端的反光镜（或者三棱镜）将光线反射下来，沿着管子走，再由底部的反光镜反射到观察者的眼里（图97）。

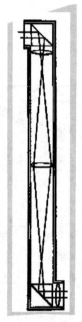

图97 艇中潜望镜的示意图

砍掉的脑袋还能说话

在参观博物馆和蜡像馆的时候，经常见到这样的"奇观"，没有心理准备的人通常都会被吓一跳：在我们面前的小桌子上放着一只盘子，盘子里面放着……一个活人的脑袋，还能眨眼、说话、吃饭！桌子下面似乎没有地方可以藏住人的身体。虽然您不能靠近桌子——有护栏隔着——但是您还是可以看清，桌子下面什么都没有。

如果您恰好成为这个"奇观"的见证者，您可以试试把一个小纸团抛到桌子下面，谜底马上就会被揭开了：纸团会被……镜子弹回来！即使纸团没有碰到桌子，还是可以发现镜子的存在，因为在镜子中会出现纸团的影像（图98）。

图98 砍掉的脑袋的秘密

如果把镜子安放在桌腿之间，从远处看起来，桌子下面的空间就会是空荡荡的，当然，绝对不能让镜子反射出房间内的其他陈设或者观众。因此，这个房间一定要很空旷，墙壁都是完全一样的，地板的颜色也都是一种，没有图案，也不能让观众靠近，必须保持足够的距离。

秘密很简单，甚至有些可笑，但是如果您没有猜出来，还是会感到十分困惑。

有时候这个魔术还会被表演得更有震撼力：魔术师首先给大家展示一张空桌子，无论在桌子上面还是在桌子下面都是什么也没有。然后从后台拿出一个盖着的盒子，里面好像藏着一个"活着的"、被从身体上砍下的人脑袋（实际上这个小盒子是空的）。魔术师把盒子放在桌面上，打开盒子的前盖——观众惊奇地看到一个会说话的人脑袋。亲爱的读者朋友，我想您一定猜到了，一个人藏在桌子下面，桌子腿上装有镜子，使观众觉得桌子下面是空的，在桌面上有一个带圆孔的机关，而放在桌子上面的盒子是没有底的，桌子下面的人可以通过桌面的圆孔把头伸进盒子里。这个魔术有各种各样的变化形式，我们这里不在一一列举，因为读者已经参透其中奥秘了。

放在前边、还是放在后面？

日常家庭生活中有不少的事情，很多人做得都不合适。比如我们前面已经讲过的，有些人不会用冰冷却食物：他们把饮料放在冰上面，而正确

的做法是把饮料放在冰下面。就连一个普通的镜子，也不是所有人都会正确使用的。常常有人为了更好地看清镜子里的自己，把灯放在自己背后，"想照亮自己的影像"，殊不知应该被照亮的正是自己本人！遗憾的是，很多妇女恰恰就是这样做的。您呢？亲爱的读者，毫无疑问，会想到要把灯放在自己面前吧。

我们能看见镜子吗？

这里还有一个例子，可以证明我们对一面普通的镜子还有很多不了解的地方："我们能看见镜子吗？"虽然我们每天都会照镜子，但是大多数人不能准确地回答这个问题。

如果有谁认为镜子是可以看见的，那他就错了。一面没有破损的、光洁的镜子是看不见的。我们只能看见镜框，玻璃的边缘，以及映在镜子里的物体，而镜子本身，只要没有被弄脏，是不可能看见的。与漫反射表面不同，所有镜面反射表面本身都是看不见的。（漫反射表面是指可以将光线反射到四面八方的表面。在日常生活中，我们通常将镜面反射表面称为光滑表面，而将漫反射表面称为粗糙表面。）

所有利用镜子完成的特技、魔术和幻术，比如，我们前面讲述的会说话的人头，都是基于镜子自身不可见的这个特性，人们只能看见映在镜子里的物体。

我们在镜子里面看见的是谁？

"当然是看见我们自己了"，我想很多人都会这么回答——我们在镜子里面的映像，是我们自己的精确拷贝，所有细微之处都一模一样。

这样回答好不好，让我们来证明一下这种相同性。假如在您的右面颊上有一个胎记，那在您镜子里面的孪生兄弟的右面颊上呢，什么都没有，而在他的左面颊上有一个胎记，但在您的左面颊却看不到。您的头发是梳向右边的，而您孪生兄弟的头发却是梳向左边的。您右边的眉毛比左边的眉毛稍高，并且更浓密，而您对面的人呢，右边的眉毛却比左边的眉毛稍低，还要稀疏一些。您的怀表放在马甲的右边口袋里，记事本放在左边的上衣口袋里；而您镜子里的孪生兄弟却有着另外一种习惯：他把记事本放在右边的上衣口袋里，而把怀表放在马甲的左边口袋里。请注意镜子里面怀表的表盘，您会发现您从来没有见到过这样的怀表：数字的分布和图案是那么奇怪，比如，怀表上八点的标记为IIX，可是没有人会这样写"八"呀，况且，位置也不对，"八"在十二点的地方，十二点却完全找不到了；六点的后面是五点，等等；不仅如此，您孪生兄弟怀表的表针是按逆时针方向转的。

图99　您在镜子里面看到的您孪生兄弟的怀表

最后，您还会发现您镜子里的孪生兄弟有一个生理缺陷，您可是不想这样的：他是一个左撇子。他用左手写字，用左手缝衣服，如果您想向他表示问候，他却会向您伸出左手。

很难确定，您的孪生兄弟是不是相当有文化，或者说，他实在是太有才了。他拿在手里的书，我想您是一行字也读不懂的，他用左手写出来的字，对您来说，恐怕就像天书一样。

这就是那个与您"一模一样"的人，而您还想根据他来评价自己的长相。

好了，不再开玩笑了：如果您认为，在镜子中看到的是您自己，那就错了。大多数人的面孔、身体以及服装都不是严格对称的（虽然我们平时并没有注意到）：左半边与右半边并不是完全相同的。在镜子里，右半边的特征会全部转移到左半边，而左半边的特征会全部转移到右半边，也就是说，我们面前的这个人，会给人留下完全不同的印象。

对着镜子画画

镜子里面的影像与原物是不能够画等号的，这一点在下面的这个实验中将表现得更为明显。

请您在面前的桌子上竖一面镜子，再在桌子上放一张纸，现在请您试着在纸上随便画出一个图形，比如说，画一个长方形和它的两条对角线。条件是，您不能直接看着自己的手来画，而是要看着映在镜子里面的手（图100）。

您一定会发现，这个看起来十分简单的事情，简直成了不可能完成的任务。多年来，我们的视觉和运动感觉之间已经形成了一定的默契，然而镜子却破坏了这种默契，因为镜子让我们看到的手部动作是失真的。多年以来养成的习惯，会对您的每一个动作都提出抗议：您想向右画一条线，但您的手却不由自主地把笔拖向左边，等等。

图100　对着镜子画画

如果您不是对着镜子画一个简单的图形，而是要画一个复杂一些的图案，或者写几个字，您就会遇到更加出乎意料的怪事：您画出的东西简直就是鬼画符，一团糟。

在吸墨纸上写字时，字迹会洇到背面，两面的字迹——同样是镜面对称的。现在试试把洇到吸墨纸背面的文字读出来，您会发现，虽然字迹十分清晰，但您还是连一个单词都辨认不出来：字母和平时不一样，是向左倾斜的，最主要的，笔画顺序同我们已经习惯的顺序完全不同。但是，如果把这张纸竖在镜子前面，您就会在镜子里面看到熟悉的文字了。因为这时我们在镜子里看到的是原文对称映像的对称映像。

最短路径

我们知道，光在均匀介质中是直线传播的，也就是说，按最短路径传播。然而，当光不能从一个点直接到达另外一个点，而是要经过镜面反射才能到达的时候，光选择的同样是最短路径。

现在让我们来研究一下光的传播路径。设图101中的字母 A 表示光源，直线 MN 表示镜子，而线 ABC 表示光线从蜡烛到人眼 C 的传播路径。直线 KB 垂直于直线 MN。

根据光学基本定律，反射角2等于入射角1。知道这一点，就很容易证明，在从 A 点到 C 点但必须经过镜面 MN 的所有可能路径中，路径 ABC 是最短路径。为此，只需要把路径 ABC 同任意一条其他路径，比如 ADC（图102），做一下比较。我们从 A 点引出直线 MN 的垂直线 AE，AE 的延长线与射线 BC 的反向延长线相交于 F 点。用线段连接 F 点和 D 点。我们首先证明三角形 ABE 与三角形 EBF 全等：两个三角形都是直角三角形，有一个公共的直角边 EB，另外，角 EFB 与角 EAB 相等，因为它们分别等于角2和角1。所以，$AE = EF$。两个直角边相等，可以推出直角三角形 AED 与 EDF 全等，因此，AD 与 DF 相等。

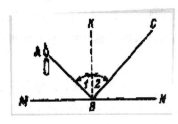

图101　反射角2等于入射角1

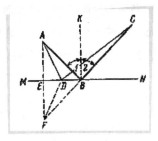

图102　光线反射时沿最短路径传播

因此，我们可以把路径ABC替换为与之相等的路径CBF（因为AB = FB），而把路径ADC替换为CDF。比较线CBF和CDF的长度，我们就会看到，直线CBF要短于折线CDF。因此，路径ABC要短于ADC，而这正是我们需要证明的！

无论C点在什么位置，只要反射角等于入射角，路径ABC就永远短于路径ADC。这就是说，光线在光源、镜子和人眼之间传播时，一定会在所有可能路径中选择最短和最快的路径。最先指出这种情况的，是2世纪著名的希腊机械师和数学家——亚历山大城的希罗。

乌鸦的飞行

如果您已经了解如何在类似的情况下选择最短路径，这些知识可以帮助您解决一些需要动点脑筋的问题。下面的这个问题就是其中之一。

树枝上站着一只乌鸦，树下面的院子里散布着很多种子。乌鸦从树枝上飞下来，叼起一粒种子，然后落在围栏上。请问，乌鸦应该在什么地方叼起种子，以使它的飞行路径最短（图103）？

图103　关于乌鸦的问题：求飞到围栏的最短路径

这个问题，同我们刚刚分析过的问题完全类似，所以不难给出正确的答案：乌鸦应该模仿光线，也就是说应该沿着使角1等于角2的路线飞行（图104）。我们已经看到，在这种情况下的飞行路径是最短的。

图104　关于乌鸦的问题的答案

关于万花筒的老故事和新故事

大家都知道有一种很好玩的玩具，叫做万花筒：一小把各种颜色、各种形状的小碎片，经过两块或者三块平面镜反射，可以形成非常美丽的图案，并且随着万花筒的轻轻转动，图案就会不断地变化。虽然万花筒是众所周知的，但是很少有人想过，究竟万花筒能够变换出多少种图案来。假如您手中的万花筒里面有20个玻璃碎片，而您每分钟把它转动10次，以使玻璃碎片可以重新排列，那么究竟需要多长时间，您才能够把万花筒中所有的图案全部看一遍呢？

无论您的想象力有多么丰富，也不可能准确地回答这个问题。就算等到天荒地老、海枯石烂，藏在这个小玩具中的神奇图案还是会层出不穷，要得到所有的组合，至少需要500000000000年。也就是说，要看遍万花筒中所有的图案，要不停地把它转上5千亿年以上。

万花筒中五花八门、无穷无尽的图案变化很早就吸引了装潢艺术家的注意，然而他们的想象力，是完全不能同万花筒取之不尽的创造力相提并论的。万花镜可以随时创造出美丽惊人的图案，可以成为壁纸以及各种纺织品图案的很好参照（图105）。

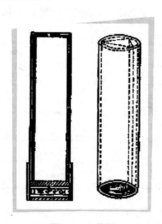

图105　万花筒

现在，万花镜已经不能够像在一百多年前，当它还是一个新鲜玩意儿的时候，在大众中引起那么浓厚的兴趣了，而当时的人们甚至在散文和诗歌中来歌颂它。

万花筒是英国人在1816年发明的，大约在一年半以后流传到了俄罗斯，并深受俄罗斯人喜爱。关于万花筒，寓言作家伊兹马伊洛夫曾在杂志《好心人》（1818年7月）中这样写道：

> 看到万花筒的广告后，我想办法弄到了这个神奇的东西——
>
> 我向里边看去是什么呈现在我的眼前？
>
> 在各种图案和繁星中，
>
> 我看到了蓝宝石、红宝石、黄水晶，
>
> 还有绿宝石和钻石，
>
> 还有紫水晶和珍珠，
>
> 还有珠母——突然看到了一切！
>
> 只是手臂轻轻地一动，
>
> 眼前又是全新的景象！

不仅仅是在诗歌中，就算是在散文里也无法描绘您在万花筒中看到的景象。手臂每动一次，图案就会变化，而且每一次都各不相同。多么令人着迷的图案啊！如果能把这些图案绣在布匹上该多好啊！但是从哪里能够找到这么绚丽的丝线呢？这简直是在无事可做和内心烦闷时最惬意的消遣了。看万花筒要比摆纸牌有意思多了。

寓言作家讲了一个关于万花筒的有趣的笑话，最后，以落后的农奴制时代特别典型的忧郁口吻，结束了自己的文章：

> 以制作性能卓越的光学仪器闻名的皇家物理学家和机械师罗斯皮尼所做的万花筒，每只卖20卢布。毫无疑问，买万花筒的人，比喜欢听他的物理课和化学课的人还要多。然而，非常令人遗憾却也十分奇怪的是，好心的罗斯皮尼先生没有从这些授课中得到过任何好处。

魔幻宫殿

很久以来，万花筒都只是被当做一种有趣的玩具，直到今天，才被用来绘制图案。人们发明了一种仪器，借助于这种仪器可以拍摄出万花筒中的图案，这样就可以自动地构造出各种可能的图案来了。

假如您变小了，变成了一个小玻璃片，被装进万花筒中，您会看到什么样的景象呢？现在就有方法来完成这个实验。1900年巴黎世界博览会的观众就有过这样的绝佳机会，在这次博览会上，一座叫做"幻觉宫殿"的展品，取得了巨大的成功。这座宫殿实际上就是一只万花筒，只不过不能动罢了。您可以想象一下：一个六角大厅，大厅的每面墙上都装着一面巨大的而且极其光亮的镜子，大厅的各个角上都装有圆柱形状的建筑装饰，柱子上的飞檐与天花板相连。观众会迷失在这座大厅里，会看到无数的大厅、无数的柱子，还有无数的跟自己一模一样的人；这些大厅、柱子和人从四面八方包围着他，一直延伸到目所不能及的地方。图106中画着横线的大厅，是一次反射的结果；在经过两次反射以后，会得到画着竖线的六边形，也就是又多出12个大厅。第三次反射又会增加18个大厅（画着斜线的）；每次反射都会使大厅的数量增加，大厅的总数取决于镜子的平整度，以及六棱柱大厅中两个相对棱面上镜子的平行度。在实际情况中，经12次反射后形成的大厅还可以看得见，也就是说，视野中一共会有468个大厅。

图106　中央大厅墙壁经三次反射后，就仿佛有了36个大厅

了解光的反射定律的人，一定清楚这种"奇景"产生的原因：在这座大厅中一共有三对平行的镜子和十对互成夹角的镜子，因此能够形成多次反射，这一点就不足为奇了。在本次巴黎博览会上，还有一座"幻景宫殿"，在里面人们可以看到更奇妙的光学现象。这座宫殿的设计者在多次反射基础上，还增加了瞬息变换的景物，就好像他们制造了一只巨大的、可以把参观者装在里面的活动万花筒。

　　这座"幻景宫殿"中的景物变换是这样实现的：在距离墙角不远处将镜子做的墙壁竖着割开，使墙角可以转动，不断地切换景物。从图107中可以看到：一共有三组墙角可以进行切换，分别表示为1、2、3。现在请您想象一下，用数字1表示的一组墙角上画着热带雨林，第2组墙角上画着阿拉伯宫殿，而在第3组墙角上画着印度庙宇。

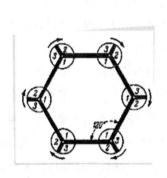 

图107　幻景宫殿示意图　　　　图108　"幻景宫殿"的秘密

　　只要启动隐藏的装置使墙角转动，就可以使热带雨林瞬间变成庙宇或者阿拉伯宫殿了。这个"魔法"的全部秘密就是这个普通的物理现象——光线的反射（图108）。

光为什么会折射，如何折射？

光线从一种介质进入另一种介质的时候，会发生折射现象，在很多人看来，这是神奇的大自然在作怪。的确很奇怪，为什么光在进入新的介质时不保持原来的传播方向，而是选择一条曲折的路线呢。这么想的人，也许对这样的回答会感到满意：在本质上，光经过介质交接处所遇到的情况，就像一队齐步前行的士兵，从干燥的路面进入一片泥地时经历的情形一样。19世纪著名的天文学家和物理学家约翰·赫歇尔就是这样解释光的折射现象的。

请您想象一下，有一队士兵正行进在一个这样的地区，这个地区被一条直线分为两个区域，其中一个区域平坦、光滑、易于行走，而另外一个区域凸凹不平，所以士兵行走艰难，速度不会太快。假设这个横队与这条分界线并不是平行的，而是成某一个角度，这样，这些士兵就不能同时走到分界线，而是先后到达。每个士兵在跨过分界线后速度都会马上下降，不能像前面走得那么快了，所以，就不能再与横队中没有跨过分界线的士兵保持在一条直线上，而是逐渐落后于这条线了。因为每个士兵在跨越分界线时都会遇到同样的情形，所以如果他们不破坏队形，不散开，而是继续保持整齐的队列前进，那么跨过了分界线的部分队伍不可避免地要落于其余的部分，因此队列的两段就会在与分界线的交点上形成一个钝角。因为士兵们必须齐步走，也不能够抢先，这就使每个士兵都会按照跟新横队成直角的方向前进，因此士兵越过分界线以后的行进路线具有了新的特征，第一，与新横队垂直，第二，行进的距离与在没有降速前的行进距离的比值，正好等于现在的行进速度和原来的行进速度的比值。

我们自己也可以在桌子上直观地再现这个模拟光线折射的小实验。用桌布盖住一半的桌面（图109），把桌子微微倾斜，然后把装在一根轴上的一对小轮子（比如，从已经坏了的儿童火车或者其他玩具上拆下来的车轮）放在桌面上，让它向下滚。如果轮子的行进方向与桌布边缘成直角，则行进路线是不会发生偏转的。在这种情况下，您演示的光学定律是：垂直射向介质分界面的光线不会产生折射。但是如果轮子的行进方向与桌布边成斜角，那么行进路线在桌布边缘就会发生偏转，也就是在速度不同的介质交界处发生偏转。我们在这里不难发现，当轮子从滚动速度比较快的那部分桌面（没有桌布）进入到滚动速度比较慢的那部分桌面（有桌布）时，行进路线（"光线"）的方向是更接近"法线（分界线的垂线）"的。在相反的情况下，会远离这条法线。

图109　用以解释光的折射现象的实验

从这里，可以引申出一个关于光折射现象的重要结论：光产生折射，是由于光在两种不同介质中的传播速度不同。速度相差越多，折射就越大；反映光折射程度的所谓"折射率"，就是这两个速度的比值。这时，如果您看到光从空气进入水中的折射率为4/3时，您就会知道了，光在空气中的传播速度，大约是在水中速度的1.3倍。

从这里还可以得出光传播的另外一个特性。如果在反射的时候光线走的是最短路径，那么在折射的时候它走的就是最快路径：除了这条曲折路线之外，任何其他方向都不能使光线这么快到达"目的地"。

什么时候走长路要比走短路还要快?

难道，走曲折的路线真的比走直线能更快到达目的地？是的，如果在不同路段的行进速度不一样，就可能出现这样的情况。想一想，那些住在两个火车站之间，但住处与其中一个站比较近的农村居民是怎么做的，您就明白了：为了更快到达远处的火车站，这些人总是先骑马走相反的方向赶到近处的火车站，然后在那里转乘火车到达目的地。对他们来说，如果直接骑马赶到目的地，走的路当然是要短一些，但是他们还是宁愿选择更长的路线——骑马再坐火车——因为这样可以更快到达目的地。

现在我们花几分钟时间来看一看另外一个例子。骑兵需要把情报从A点送到指挥部所在的C点（图110）。两点之间隔着一片沙地和一片草地，沙地和草地的分界线是一条直线EF。马在沙地上的奔跑速度只有在草地上速度的一半。骑兵需要选择一条什么样的行进路线，才能用最短的时间达到指挥部？

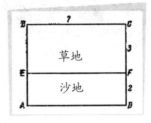

图110　关于骑兵的问题：求从A到C的最快路径

乍看之下，最快的路径是从A点引向C点的直线。但这是完全错误的，而且我也不认为会有选择这条路径的骑兵。骑兵知道沙地上走得慢，这会使他产生正确的想法，那就是缩短这段走得慢的路程，走一个不太斜的线路穿过沙地，当然了，在这种情况下，另外一段路——在草地上的路——就变长了；但由于在草地上的行进速度要快上两倍，所以多走一些草地路也没关系，最终还是可以在较短的时间内走完全程。换句话说，骑兵所走的路线应该在两种不同土壤的交界处发生偏转，而且在草地中行进路线与垂直线的夹角，要大于在沙地中行进路线与垂直线的夹角。

了解几何学中毕达哥拉斯定理（勾股定理）的人可以验证，直线路径AC的确不是最快路径，按照图中给出的各项数据，如果沿折线AEC（图111）行进，可以在更短的时间内到达目的地。

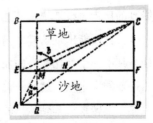

图111　关于骑兵的问题的答案：最快的路径为AMC

如图110所示，沙地的宽度为2千米，草地的宽度为3千米，BC之间的距离为7千米。那么根据毕达哥拉斯定理，AC的总长度（图111）等于（5^2+7^2）的平方根=8.60千米。其中，线段AN——沙地上部分线路的长度——等于总长度的2/5，也就是3.44千米。由于在沙地上的行进速度只有在草地上的一半，则在3.44千米沙地上的行进时间，相当于在6.88千米草地上的行进时间，由此可以得出，全部8.60千米的直线混合路线AC，对应着12.04千米的在草地上的行进路程。

　　现在我们按照这种方式，把折线AEC换算成"草地路程"。其中，$AE = 2$千米，对应着4千米草地路程，而$EC = $（$3^2+7^2$）的平方根$= 7.61$千米。最后得出的折线$AEC$的草地路程为$4 + 7.61 = 11.61$千米。

　　这时我们可以看到，"最短"的线路对应着12.04千米的草地行进路程，而"较长"的折线，则只对应着11.61千米的草地路程。您看到了吧，走"长"的线路反倒是更快，可以节省$12.04-11.61 = 0.43$千米，差不多半千米。

　　但是现在我们还没有求出最快的路径。理论告诉我们，最快的路径具有以下特性，即角b的正弦与角a的正弦的比值，等于草地上行进速度与沙地上行进速度的比值，也就是说等于2:1。换句话说，应该选择这样的行进方向，使$\sin b$等于2倍$\sin a$。为此，需要在距离E点1千米的m点穿越草地和沙地的分界线。这时候，$\sin b = 6/[$（3^2+6^2）的平方根$]$，而$\sin a = 1/[$（1^2+2^2）的平方根$)$，比值$\sin b/\sin a = $（6/(45)的平方根）$/$（1/(5)的平方根$) = $（6/(3 × (5)的平方根$)] / [1/(5)$的平方根$] = 2$，也就是说，正好的等于两个速度的比值。

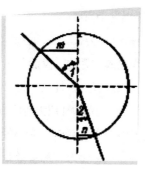

图112　什么叫做正弦？m与半径的比值就是角1的正弦，n与半径的比值是角2的正弦

　　那么，这种情况对应的"草地路程"又是多少呢？我们来计算一下：

$AM = (2^2+1^2)$ 的平方根，相当于4.47千米的草地路程，而$MC = \sqrt{45} = 6.71$ 千米，整个草地路程的长度为4.47 + 6.71 = 11.18千米。我们知道，直线路径对应着12.04千米的草地路程，所以说，最快路径要比直线路径短860米的草地路程。

现在您看到了吧，在当前的命题条件下，按折线行进会带来多大的好处。光线也恰恰是选择了这条最快路径，因为光的折射定律是严格遵循这个问题的数学求解要求的：折射角正弦与入射角正弦的比值，等于光在新介质中传播速度与光在原来介质中传播速度的比值；从另一方面来说，这个比值正好等于光在两种介质之间的折射率。

把光的反射定律与折射定律结合在一起，我们可以得出结论：在所有情况下，光都是沿最快路径传播，也就是说，光的传播遵循物理学上称为"最快到达原理"（费马定理）。

如果介质不是均匀的，而且其折射性能是逐渐变化的，比如在大气层中，在这种情况下，光的传播同样是遵循最快到达原理。这就可以解释，为什么天体发出的光线在大气层中会产生轻微的折射，这种现象在天文学中被称为"大气折射"。在大气层中，空气的密度是向下逐渐增大的，所以光的传播路线是弯向地面的。这样，光线在传播速度较快的高层空间中传播的时间就会久一点，而在传播速度"较慢"的底层空间停留的时间就比较短，最终，光线就可以比按直线路径传播更快地到达目的地。

最快到达原理（费马定理）不仅仅适用于光的传播，声音的传播，以及任何性质的波状运动，都遵循这个原理。

毫无疑问，读者一定想知道，为什么波动会具有这样的特性。在这里，我们引用现代著名物理学家薛定谔的一段话（摘自1933年斯德哥尔摩诺贝尔奖颁奖典礼上的报告）来解释这种现象。他从前面谈到的士兵行军的例子出发，讲解光线在密度逐渐变化的介质中传播的情况。

"假设，"伟大的物理学家这样写道，"为了保持严格的横列队形，士兵们被一根长长的杆子连在一起，每个人都紧紧握住这根长杆。长官发出命令：全速跑步前进！假如地面的状况是逐渐变化的，比如说，先是队伍的右翼跑得比较快，后来又是左翼跑得快一些，这样整个横列自然就会拐弯。我们可以看到，行进的路线不是直线，而是曲线。至于为什么说在已知的地面状况下，这样的行进路线是到达目的地用时最少的路线，这是很明显的，因为每一个士兵都是全速向前奔跑的。"

新鲁滨孙

毫无疑问，您一定知道儒勒·凡尔纳的小说《神秘岛》中的主人公在荒无人烟的小岛上，是如何在没有火柴和打火石的情况下取火的。救了鲁滨孙的是闪电，它击中并点燃了一棵树，而儒勒·凡尔纳的新鲁滨孙们可不是靠老天爷帮忙的，而是靠博学的工程师的聪明才智以及扎实的物理学基础。您还记得吗，当那位天真的水手潘克洛夫打猎回来，看到工程师和通讯记者坐在熊熊篝火前面的时候，是多么的惊讶。

"可是谁生的火呢？"潘克洛夫问道。

"太阳。"史佩莱回答。

记者并没有开玩笑。使潘克洛夫感到奇怪的这股热竟是太阳产生的。水手简直不能相信自己的眼睛，他惊讶得愣住了，甚至都没有想到问工程师一声。

"你大概带着放大镜吧？"赫伯特向史密斯问道。

"没有，孩子。"他答道，"可是我做了一个。"

于是他把充作放大镜用的工具拿出来给大家看。它的构造很简单，工程师和通讯记者各有一只表，这就是用表上的玻璃做成的。工程师用一点土把两片玻璃的边缘粘上，中间灌了水，就做成一个正式的放大镜了。它把太阳光聚在干燥的地苔上，不久地苔就燃烧起来。

我想，读者一定想知道，为什么要在两块表的玻璃中间装满水：难道中间充满空气的双面凸镜不能汇聚太阳光吗？

确实不能。怀表的玻璃有两个平行（同心）的表面——内表面和外表面，我们已经从物理学中知道，光线穿过这样两面平行的介质后，方向是几乎不会改变的。再透过第二块玻璃，同样不会产生折射，所以也就不会汇聚到焦点上。为使阳光汇聚在一个点上，必须在两块玻璃中间填满透明的而且比空气折射率更大的物质。儒勒·凡尔纳小说中的工程师正是这样做的。

如果一只普通的装着水的玻璃瓶子是球形的，就可以作为取火的透镜来用。古人们已经知道这一点，而且他们还发现，取火后瓶子里面的水依然是凉的。甚至发生过这样的情况，放在窗边的水瓶竟把窗帘和桌布点燃了，还把桌面烧焦了。按照旧习俗，药店经常使用盛有带颜色水的球形大瓶子来装饰橱窗，但他们却没有想到，这些瓶子会成为导致火灾发生的罪魁祸首，因为这样很可能会把附近的易燃物品点燃。

一只不太大的圆瓶装满水，就可以把盛在表盘玻璃上的水烧开：只需要直径12厘米左右的圆瓶。如果圆瓶的直径有15厘米，则其焦点的温度可达120℃（焦点距离瓶子很近）。用装着水的圆瓶来点烟，就像用玻璃透镜一样轻松。罗蒙诺索夫在一首《论玻璃之益处》的诗中曾写道：

> 我们用玻璃获得太阳的火焰，
> 模仿着伟大的普罗米修斯。
> 咒骂那些卑劣的谎言，
> 用无罪的天火点燃烟草。

但是，这里还需要指出，用水做的透镜的集热效果要比玻璃透镜差很多。这是因为，首先，光线在水中的折射要比玻璃中小得多；其次，水会吸收大部分红外线，而红外线对物体的加热起着十分重要的作用。

在发明眼镜和望远镜之前的一千多年以前，古希腊人就已经了解了玻璃透镜的聚光作用。亚里斯多芬在他的戏剧《云》中曾经描写过这样的情景：苏格拉底向斯特列普西亚得提出了这样一个问题：

> "如果有人给你开出了一张五塔兰特的借据，你会怎么销毁它呢？"

斯特列普西亚得："我想到消灭这张借据的办法了，我想你也会承认这个办法是超级巧妙的！你在药店中见到过那种非常漂亮的，透明的石头吗，可以用来点火的那种？"

苏格拉底："你说的是聚光镜吗？"

斯特列普西亚得："没错，就是它。"

苏格拉底："接着说。"

斯特列普西亚得："在公证人写字的时候，我把聚光镜放在他身后，让阳光照在借据上，一切都灰飞烟灭了……"

读者可能不太了解，我在这里提示一下：亚里斯多芬时代的希腊人是在涂着蜡的木板上写字的，这种木板受热是很容易燃烧的。

怎样用冰来生火？

如果冰足够透明，也可以作为制造双凸透镜的材料，可以用来取火。而且冰在折射阳光的时候，本身并不会变热融化。冰的折射率比水只小一点点，所以，既然可以用盛水的圆瓶取火，自然也可以用冰做的透镜来取火了。

冰做的透镜在儒勒·凡尔纳的小说《哈特拉斯船长历险记》中曾使主人公受益匪浅。当旅行的人们丢失了打火石，在零下48度的严寒中陷入困境的时候，克劳伯尼医生正是用这种方法点燃了篝火。

"问题很严重。"哈特拉斯对医生说。

"是的，"后者回答，"我们甚至没有一个工具，没有一只把透镜拿掉用来取火的镜片。"

"我知道，"医生回答，"这可真糟，因为太阳光要有相当的强度才能点燃火绒。"

"好，"哈特拉斯回答，"得用生肉填填肚子，然后我们接着赶路，我们尽可能到船上去。"

"是的！"医生说，他陷入沉思之中，"是的，从严格意义

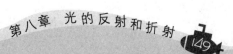

上来讲是可能的，为什么不这样呢？我们可以试一试。"

"您在想什么？"哈特拉斯问道。

"我有一个主意。"

"一个主意！"约翰逊叫道，"您的一个主意！那么我们得救了！"

"能不能成功，"医生回答，"还是个问题！"

"您的计划是什么？"哈特拉斯问。

"我们没有透镜，那么，我们就造一只好了。"

"怎么造？"约翰逊问。

"用一块我们凿下来的冰。"

"什么？您以为？"

"为什么不行？这就是把太阳的光线汇聚到一个共同的点上，冰能帮我们做这个，就像最好的水晶一样。是的，只是我情愿用淡水冰胜过咸水冰；淡水冰更加透明、更加坚固。"

"可是，要是我没弄错的话，"约翰逊指着不到一百步开外的一座冰丘说，"这堆样子灰黑、绿颜色的冰表明……"

"您说得对，来吧，我的朋友们，拿上您的斧子，约翰逊。"

三个人向指定的冰丘走过去，这个冰丘的确是淡水冰形成的。

医生砍下一块直径为一英尺的冰，开始用斧子使劲凿，然后他用刀子把冰面弄得更平，最后他用手一点点打磨，很快他就得到了一个透明的透镜，仿佛是用最优质的水晶制造出来的。然后他回到雪屋里，他在那里拿了一块火绒开始做他的实验。阳光相当耀眼，医生把冰透镜放在阳光下，再用火绒与阳光相接。火绒在几秒钟之内就点着了（图113描述了上文）。

图113　医生把阳光聚集在火绒上

　　儒勒·凡尔纳的这个故事并不完全是幻想：早在1763年，在英国首次成功地完成了用冰透镜来点燃木材的实验，当时用的是一块很大的冰透镜，从那时起，人们进行了很多次这样的实验并取得了成功。当然，用斧子、刀子和"手"（在零下48°的严寒中！）这样的工具是很难制作出透明的冰透镜的，但是有一个简单的方法，可以用来制作冰透镜：把水加入一只形状合适的碗里面，使它结冰，然后把碗稍稍加热，就可以把做好的冰透镜取出来了（图114）。

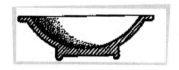

图114　可用于制作冰透镜的碗

　　请您千万不要忘记，做冰透镜取火的实验，一定要在晴朗寒冷的室外进行，而不是在有着玻璃窗的室内：玻璃会吸收阳光中大部分能量，其余的能量是不足以取火的。

借助于阳光的帮助

我们再来做一个实验，这也是在冬季很容易完成的。在有阳光照射的雪地上，放两块同样大小的布片，一块白色的，一块黑色的。过一两个小时您就会发现。黑色的布片已经陷进了雪地里，而白色的布片还在原来的位置上。不难解释造成这样差别的原因：黑布下面雪融化得快一些，因为黑布会吸收大部分照在上面的阳光，而白布刚好相反，会把大部分阳光反射出去，所以没有黑布受热多。

首次完成这个有教育意义实验的是著名的、为美利坚合众国独立而奋斗的战士——本杰明·富兰克林，一位因发明避雷针而名垂青史的物理学家。

"我从裁缝那里拿了一些各种颜色的方布块，"他写道，"其中有黑色的、深蓝色的、浅蓝色的、绿色的、紫色的、红色的、白色的以及其他颜色的。在一个阳光明媚的早晨，我把这些布片放在了雪地上。几个小时以后，黑色的布片，受热比其他布片都多，深深地陷进了积雪中，以至于阳光都已经照不到它了；深蓝色布片陷进的深度同黑布差不多，而浅蓝色的布片却陷进得很少；其他的布片颜色越浅，陷得就越少。白色的布片还在雪面上，也就是说，一点也没有陷下去。"

"如果不能从一个理论中获得益处，那么这个理论还有什么用呢？"他感慨道，并继续写下去，"难道我们不能从这个实验中得出结论，那就是在温暖的晴天，穿黑色的衣服不如穿白色的衣服合适，因为在阳光下黑衣服会让我们更热，如果这时我们还在做着某种运动，自己本身也产生热量，那么形成的热量岂不是太多了吗？难道男人们和女人们在夏天不应该戴白色的帽子，以便赶走酷热，避免中暑吗？……还有，难道涂黑的墙壁在白天不能吸收足够的热量，以使夜晚还能存留一定的温度，使水果不被冻坏吗？难道认真的观察者不能再遇到其他的有一定价值的问题吗？"

这些结论和有益应用的价值体现在哪里呢，1903年德国南极考察团在"高斯号"轮船的遭遇恰好是一个有力的例证。当时"高斯号"被冻在冰里了，所有常规的营救方法都不奏效。人们使用炸药和锯子只能清除几百立方米的冰，无法解救轮船。这时候，有人想到了请太阳光来帮忙：人们在轮船与最近的大冰缝之间，用煤块和炉灰在冰面上铺设了一条2千米长、十几米宽的黑色地带，当时南极正好是夏季，白天很长而且十分晴朗，阳光做到了炸药和锯子不能做到的——冰开始融化，并沿着这个黑色地带断裂了，"高斯号"因此而得以脱险。

关于海市蜃楼的旧知识和新知识

想必大家都知道，如何从物理学角度解释海市蜃楼现象的成因。沙漠中炽热的白沙，像镜子一样地反射阳光，使地表空气温度极高，密度也就会比上层空气要小。这样很远处物体斜射过来的光线，在到达这个热空气层后会产生折射，传播路线发生改变，重新远离地面，进入观察者的眼睛，就好像以一个极大的入射角被镜子反射回来一样。在观察者看来，就好像前面的沙漠中有一片平静的水域，映射着周围的景物（图115）。

图115 沙漠中的海市蜃楼是怎样产生的。这幅图在教材中经常被采用，但是为了便于演示，光线到地面的倾角被放大了很多

说得更准确一些，沙地表面炽热的空气不是像镜子那样反射空气，更像是从水中望去的水面。这里发生的不是一般的反射，而是物理学上所谓的"内反射"。要产生内反射，光线就必须以非常斜的角度进入热空气层，这个角度要比在图115中演示的斜得多；否则这个角度就不会超过入射"临界角"，内反射现象就不会发生了。

这里，我们顺便指出一个该理论中会使人产生误解的地方。我们在前面的说明中一直强调，在形成海市蜃楼的地方，密度大的空气在上面，密度小的空气在下面。然而，我们知道，密度大的、较重的空气会下降，把其下面较轻的空气挤到上面去。那稠密的空气和稀薄的空气怎么还会那样分布（重空气在上，轻空气在下），使海市蜃楼现象得以产生呢？

答案是这样的：我们所要求的那种空气层分布情况，在静止的空气中当然是不存在的，但在不断流动的空气中还是可能的。被地面加热的空气不会留在那里，而是不断地上升，被新的热空气所替代。这种不间断的替换，会使炽热的沙地表面总是有一层稀薄的空气，虽然不是原来的那些空气，但这对于光线传播来说，又有什么区别呢。

我们刚才研究的这类海市蜃楼，古时候的人们就已经知道了。在现代气象学中，这类海市蜃楼被叫做"下现蜃景"（与"上现蜃景"相区别：后者是由于大气层高空部分空气稀薄，使光线发生反射而形成的）。大部分人相信，这种典型的海市蜃楼只会出现在南方炎热的沙漠地带，而在纬度很高的地方是不会出现的。

但事实上即使在我们国家（俄罗斯），也经常会观察到下现蜃景，尤其是夏季，在被太阳晒得非常热的沥青和柏油路面上，这种现象十分普遍。从远处看，柏油路粗糙的表面上就好像洒了一层水，还能映射出远处的景物。我们在图116中可以看到发生这种海市蜃楼现象时的光线传播路

图116　柏油马路上的海市蜃楼

线。如果留心观察，就会发现，这种现象完全不是像大家想得那么少见。

　　还有一种海市蜃楼——侧现蜃景，很多人甚至不知道有这种类型的海市蜃楼存在。侧现蜃景就是竖直的墙壁被加热后发射光线的结果。一位法国作者曾经描述过这种景象：在走进一座城堡的炮台时，他发现，平整的炮台混凝土墙壁突然之间变得闪闪发光，就像镜子一样映射出周围的风景、土地和天空。再向前走几步，他又在炮台的另外一面墙壁上看到了同样的变化，就好像灰色的、粗糙不平的墙面突然被打磨得十分光滑。当天的气温很高，墙壁一定被晒得很烫，这就是产生侧现蜃景的原因。在图117中画出了炮台墙壁的位置（F和F'）和观察者的位置（A和A'）。实际上，每当墙壁被太阳晒得足够热的时候，就可以观察到海市蜃楼现象，甚至有人还用照相机拍摄到了这种景象。

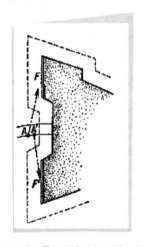

图117　观察到海市蜃楼现象的炮台平面图。在点A上，
墙壁F看起来就像一面镜子，而在点A'看墙壁F'也是如此

　　图118中，炮台的墙壁F最初是暗淡无光的（左图），后来变得像镜子一样闪闪发光（右图，在A'点拍摄）。在左边照片中的是普通的灰色混凝土墙壁，当然不可能映射出站在旁边的两个士兵的影像。在右边的照片中，同一面墙壁的大部分具有镜子的特性，可以对称地映射出离它最近的那个士兵的影像。当然，反射光线的不是墙壁表面，而是贴近墙壁的炎热的空气。

图118　粗糙不平的灰色墙壁（左图）仿佛突然变得十分光滑，

能够映射周围事物了（右图）

在炎热的夏季，您不妨注意观察一下高大建筑物的墙壁，看看有没有海市蜃楼现象发生。毫无疑问，经过反复的细心观察，您一定会多次看到海市蜃楼现象的。

"绿光"

"您看到过海上日落吗？当然，肯定是看到过的。那您是否一直注视着太阳，直到它的上沿跟海平面齐平，随即消失吗？想必您是这样做的。如果当时天气晴朗、万里无云，您是否注意到在太阳射出最后一道光线时发生的现象？我想，您可能没有注意到。如果再有机会，请您一定注意观察：映入您眼中的不是红色的光线，而是绿色的——不可思议的绿色，没有一位画家能够在它的调色板上调出这种绿色，在自然界形形色色的植物上面，在清澈的海水中，我们都没有见到过这种绿色。"

一份英国报纸上关于绿光的报导，使儒勒·凡尔纳小说《绿光》中年轻的女主人公产生了浓厚的兴趣，她开始到处旅行，唯一的目的就是亲眼目睹这种神奇的绿光。在小说中，年轻的苏格兰女孩没能亲眼看到这个自然界的奇观，但它的确是存在的。绿光——虽然有很多传说与之有关，但它并不只是一个传说，这是一种能够让每一位热爱大自然的人如醉如痴的自然现象，当然，您要有足够的耐心去寻找它。

为什么会出现绿光呢？

如果您能够回忆起我们透过玻璃三棱镜看到的物体是什么样子，您就可以明白产生这种现象的原因了。请您做这样一个实验：把一个三棱镜平放在眼前，宽的底面朝下，透过三棱镜观察一张钉在墙上的白纸。您会发现，首先，这张纸的位置明显比实际位置要高很多；其次，白纸的上面会出现一条紫蓝色的光带，而下面会有一条黄红色的光带。使纸的位置升高的原因是光线折射，而产生彩色光带的原因是玻璃的色散作用，即玻璃对不同颜色光线的折射率不同。紫色和蓝色光线产生的折射要比其他颜色光线更强，因此我们在纸的上面看到一条紫蓝色的光带；而红光的折射率最低，所以这张纸的下面出现了一条红色光带。

为使后面的论述更容易理解，我们必须在这个彩色光带的问题上再做短暂的停留。纸发出的白色光线，经过三棱镜后会分解为光谱中所有的颜色，形成多个彩色映象，这些映象按照折射率排列，而且部分重叠。这些叠加在一起的彩色映象同时作用在我们的眼睛上时，我们看到的就是白光（光的叠加），但是在上面和下面会显露出没有与其他颜色重叠的光边。

著名的诗人歌德在做过这个实验后并没有明白其中道理，还认为自己发现了牛顿颜色理论中的错误，提出了自己的《颜色论》，但是这个理论几乎全部是建立在荒谬的概念上的。我想读者一定不会重蹈伟大诗人的覆辙，不会认为是三棱镜给物体涂上了其他颜色。

地球的大气层对于我们的眼睛来说，就是一个巨大的、底面朝下的三棱镜，我们就是透过这个气体三棱镜观察地平线上的落日的。在太阳的上

缘，会看到蓝色和绿色的光带，而在下缘则是黄红色的光带。如果太阳还在地平线之上，日轮中央耀眼的光亮盖过了这些亮度较弱的光带，使我们完全察觉不到它们的存在。但是在日出和日落的时候，几乎整个太阳都隐藏在地平线之下，我们就能够看到太阳上缘的蓝色光带。这个光带实际上是有两种颜色，上面是一条蓝色光带，下面是由蓝绿两种光线混合而成的天蓝色光带。如果接近地平线的空气是完全清澈透明的，我们就能够看见蓝色的光带——"蓝光"。但是蓝光经常会在大气中发生散射，我们就会只看到绿色的光带，这就是神奇的"绿光"。不过，在大部分情况下，大气都是浑浊不清的，不论是蓝光还是绿光都会发生散射，这时我们什么光带都不会看到，太阳就会像一个红色火球一样落下去了。

　　普尔科沃天文台天文学家季霍夫曾经对"绿光"做过专门的研究，提出一些出现这种现象的征兆。

　　　　"如果太阳在落山时呈现红色，而且我们可以用双眼直接去观察它，那么可以肯定地说，绿光是不会出现的。"原因很明显：太阳是红色的，表面蓝色光线和绿色光线在大气层中会发生强烈的散射，也就是说，太阳上缘的光带完全不可见。

　　　　"与此相反，"天文学家继续写道，"如果太阳落山时，还是平时的黄白色，并且很亮，（也就是说大气层对光线的吸收并不强。——雅·别莱利曼注）则出现绿光的可能性就比较大。但这里还有一个重要的条件，那就是地平线一定是十分清晰的，不能有任何凹凸不平，附近没有树林、建筑物等。这样的条件在海上是最容易满足的，这就是海员们如此熟知绿光的原因。"

　　所以，要想看到"绿光"，必须在天气非常晴朗的时候去观看日落或者日出。在位于南方的国家，与我们这里相比，地平线上的天空较为清澈，所以"绿光"现象发生得频繁一些。很多人可能受到了儒勒·凡尔纳小说的影响，认为我国"绿光"现象极其罕见，但实际情况并非如此。只要坚持不懈地寻找，"绿光"迟早是会看到的。甚至有人在望远镜中看到过这一美丽景象，两位阿尔萨斯的天文学家曾经这样描述他们观测到的现象：

"在太阳落山的最后一刻，那时，还看得见一部分日轮，轮廓清晰可辨，像波浪一样在颤动，在日轮周围，环绕着一个绿色的轮边。在太阳还没有完全落山之前，用肉眼是看不到这个轮边的。如果使用高倍（大约为100倍）望远镜进行观察，就可以看到这个现象的详细过程：最迟在日落前10分钟这个绿光带就可以观察到，它围绕在日轮的上半部，而在下边看到的却是红色的光带。最开始，这个光带的宽度非常小，然后随着太阳的落下逐渐增大。在这个绿色的轮边上面，有时还可以看到绿色的凸起，随着太阳的逐渐消失，这些凸起就好像沿着太阳的边缘向最高点在爬；有的时候，这些凸起还会脱离轮边，独自闪亮几秒钟后熄灭（图119）。"

图119 长时间观察"绿光"：观察者在5分钟的时间内都看到了山脊后的"绿光"。
右上角：在望远镜中观察到的"绿光"。日轮具有不规则的轮廓。在位置1时，
日轮的强光十分炫目，影响肉眼观察绿色光带。在位置2，日轮几乎全部消失，
用肉眼可以观察到"绿光"

一般情况下，这种"绿光"现象的持续时间为一两秒钟，但在特殊的条件下，这个时间也会显著加长。曾经有过连续5分钟可以观察到绿光的情况！太阳在远处的山后落下，快步前行的观察者看到了仿佛沿着山坡滑落的日轮边缘上的绿色光带（图119）。

在日出的时候，当太阳在地平线上刚刚露头的时候观察"绿光"，同样会受益匪浅。日出时候出现"绿光"现象，推翻了一个我们经常听到的

猜测："绿光"是太阳落山时，强烈的光线使人的眼睛产生疲劳的时候出现的视错觉。

太阳不是能够发出"绿光"的唯一的天体。在金星落下的时候，也有人观察到了这种现象。（如果您想了解海市蜃楼和绿光，可参考明纳尔特所著的《自然界中的光与颜色》一书。物理数学出版社，1958年。——译者注）

第九章
一只眼睛和两只眼睛的视觉

在没有照片的年代

照片在我们的生活中早已成为了最常见的东西，我们甚至无法想象，我们的祖先们，即使是并不太久远的先人们，在没有照片的年代是怎么过来的。在狄更斯的《匹克威克外传》中有这样一个有趣的故事，描写的是在一百年前的英国国家机关中是怎么给一个人画像的。这一幕，发生在匹克威克先生被送进的那所负债人监狱中。

通知匹克威克先生说他要留在这里，等懂得这种窍门的人们所谓"坐着让人画像"的仪式完成。

"坐着让人画我的画像！"匹克威克先生说。

"把你的肖像画下来呵，先生。"胖狱卒说。"我们这里都是画像的能手。不一会儿就画好的，而且都很像。请进来吧，先生，不要拘束。"

匹克威克先生同意了这个邀请，坐下来。那时候站在椅子背

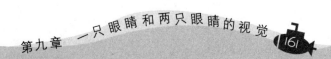

后的山姆（匹克威克的仆人）对他耳语说：

"所谓坐着画像，只不过是让各个看守把他察看一番，使他们能够把他和来宾们分别开来的另外一种说法。"

匹克威克先生发觉他的"坐着画像"已经开始。胖看守已经交了班走过来坐了，时而漫不经心地对他看看，一个接了他的班的瘦长的看守也走过来两手倒背在燕尾里，站在对面对他盯了好久。第三位有点儿好发脾气的样子的绅士，显然是妨碍了他吃茶点，因为进来的时候还在解决着面包皮和黄油的最后的残余，他紧靠匹克威克先生的旁边站着，把两手撑在腰眼里，仔细地察看着他。

最后，肖像画好了，匹克威克先生接到通知说现在他可以进监狱了。

更早以前，扮演这种记忆"画像"的是"特征"清单。还记得吗？在普希金的《波里斯·戈都诺夫》中，沙皇的命令中对格里高利·欧特列皮耶夫的描述："他的个子不高，肩宽，一只胳膊长、一只胳膊短，蓝眼睛，棕黄色的头发，脸颊上有一个疣，在额头上还有一个"。现在就简单了，只需要附上一张照片就可以了。

为什么很多人不会看照片？

照相术在19世纪40年代进入我们的生活，最初的形式为"达盖尔银版摄影法"（为了纪念这种方法的发明者达盖尔），照片是拍在金属板上的。这种拍照方法的最大不便之处在于，人们必须在照相机前很长时间地摆造型——几十分钟。

"我的祖父，彼得格勒物理学家，"温伯格曾经说过，"为了照一张无法复制的达盖尔银版照片，在照相机前面坐了四十分钟！"。

但是，不需要画家就可以获得画像，对人们来说是那么新鲜，几乎是神奇的事情，不可能很快就习惯的。关于这个话题，在一本古老的俄罗斯杂志（1845年）中，曾经讲述过这样一件有趣的事情：

很多人到现在还不肯相信，达盖尔银版摄影法可以拍出照片来。一位十分受人尊敬的人来定制自己的肖像。店主人（摄影师——雅·别菜利曼注）请他坐下，调好了焦距，放入底板，看了一眼表，就走出去了。店主人还在房间里的时候，客人还能坐着一动不动，等店主人刚走出门外，这位想要得到肖像的先生，认为没有必要端坐在那里，就站了起来，嗅了一下鼻烟，从各个方位端详了一遍达盖尔银版照相机，面对镜头晃了晃脑袋，说了句"这东西还真不赖"，就开始在房间里转悠起来。

店主人回来了，惊讶地站在门口，喊道：

"您在做什么？我不是跟您说了吗，要一动不动地坐在那里！"

"但是，我是坐着的呀，直到您出去的时候我才站起来的。"

"那时候也应该坐着。"

"可是为什么我要白白地坐在那里呢？"

各位读者一定认为我们现在一定不会对照相还有这样幼稚的想法了，但是，即使是在今天，大部分人对照相还不是完全了解的，比如说，很少有人会看拍好的照片。您一定会想，这里怎么还有会不会的问题：把照片拿在手里看就是喽。其实完全不是这么简单：照片虽然是我们日常生活中十分普及的物品，但是我们还是不会正确地对待它。大多数摄影师、摄影爱好者和专业摄影人员——更不要说其他人了——不完全是用正确的方法看照片的。虽然照相术已经诞生一百多年了，然而，实际上很多人还是不知道怎样正确地看照片。

欣赏照片的艺术

照相机从构造上来讲，就是一只大眼睛：在毛玻璃上获得影像，取

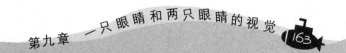

决于镜头与被摄物体之间的距离。如果把我们的眼睛放在照相机镜头的地方，那么我们眼睛（请注意，是一只眼睛）看到的景物，与照相机在底片上记录的景物，是完全一样的。从这里可以得出结论，如果我们想从照片中获得与实物相同的视觉感觉，我们应该：

（1）只用一只眼睛看照片。

（2）要使照片与眼睛保持一定的距离。

不难明白，如果我们用两只眼睛看照片，我们看到的一定是一幅平面的图画，而不是有纵深的影像，这是我们视觉特点决定的必然结果。我们在看一个立体的物体的时候，在我们双眼的视网膜上获得的像并不是完全相同的：右眼看到的东西，与左眼看到的东西并不完全相同（图120）。而这种双眼看到像的不同，实际上，正是我们能够看到立体景物的主要原因：我们的感觉会把这两个不同的像合成为一个有凹凸感的景象（大家都知道，实体镜的构造就是基于这个原理的）。如果我们眼前的是一个平面物体，比如一堵墙，那就是另外一回事了：两只眼睛就会获得完全相同的像，这对于我们的感觉来说，就是物体平面延伸的特征。

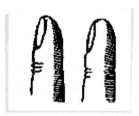

图120　把手放在离眼睛比较近的地方，左眼和右眼看到的手指是不一样的

现在清楚了，我们在用两只眼睛看照片的时候，是犯了一个多么大的错误啊；这么做会使我们的感觉错误地认为，我们面前的正是一幅平面的图画！当我们用两只眼睛看一张应该用一只眼睛来看的照片时，就给自己设置了障碍，使我们无法看到照片应该呈现给我们的东西；这个错误，破坏了照相机创造出来的完美景象。

应该把照片拿在什么距离观看?

第二个原则也同样重要——要让照片与眼睛保持适当的距离,否则也会影响实际的立体感。那么这个距离应该是多远呢?如果想要获得完美的观看效果,眼睛看照片的视角,应该与照相机镜头"看"毛玻璃上影像的视角相同,或者说是与照相机镜头"看"被拍物体的视角相同(图121)。这样我们知道了,照片和眼睛之间的距离、与镜头和被拍物体之间距离的比值,应该等于照片上物体的尺寸、与该物体实际尺寸的比值。换句话说,应该把照片放在与镜头焦距大致相等的距离上。

如果我们注意到,大部分非专业照相机的焦距为12~15厘米(本书后面提到的照相机都是指这种在《趣味物理学》编纂期间十分流行的照相机。编者注),我们就会明白,实际上我们从来都没有在正确的距离上来观看照片:对于正常的眼睛来说,明视距离为25厘米,比前面给出的照相机焦距几乎大了两倍。挂在墙上的照片看起来都是平面的,因为我们看这些照片的时候距离会更远。

图121 在照相机中,角1等于角2

眼睛近视的人(还有儿童,他们可以看清距离很近的东西),明视距离比较短,所以只有他们才能从一张普通照片中欣赏出立体的效果来(当然是只用一只眼睛):近视的人会把照片拿得离眼睛很近,大约12-15厘米,这时他们看到的不再是一副平面的图画,而是一座浮雕,近景与背景是分开来的,就像在实体镜中的一样。

我希望读者们能够同意,在大多数情况下,只是由于自己的无知,我们没有从照片里获得它能够提供给我们的快感,而且经常无谓地抱怨照片缺乏生气。问题的全部原因是我们没有把眼睛放在照片前面一个适当的点上,而且是用两只眼睛去看只供一只眼睛看的影像。

放大镜的奇怪作用

我们在前面曾经讲到，近视的人可以从普通照片中看出立体感来。那么，视力正常的人该怎么办呢？他们是不能把照片放得离眼睛很近的，但是放大镜却可以在这里帮助到他们。透过一只双倍放大镜去看照片，这些视力正常的人就不必再羡慕近视的人的特殊优势，可以轻轻松松地从照片中看出立体感和纵深感。我们用这种方法看照片时获得的感觉，与我们平时在远距离用两只眼睛看照片时看到的景物，有着天壤之别。使用这种方法看普通照片，几乎可以达到实体镜的效果。

现在我们就搞明白了，为什么在使用放大镜用一只眼睛看照片的时候，会有立体感。这个事实大家早已熟知，但是正确的解释却很少听到。

一位《趣味物理学》的评论者曾就这个问题写信给我，他这样写道：

> 请您在再版的时候，分析一下这个问题：为什么用一只普通的放大镜看照片会有立体感？我的意见是，所有关于实体镜的复杂说明，都是经不起批评的。请您用一只眼睛看实体镜，不管理论如何，立体感依然存在。

当然，现在读者一定清楚，这个事实是不会使实体镜的理论产生丝毫动摇的。

很久以前，曾经流行过一种叫做"西洋镜"的玩具，它之所以能够产生立体效果，也是基于这种原理的。这个小玩具中装有一只放大镜，孩子们用一只眼睛透过放大镜来看里面的普通风景或者人物照片。其实这样已经足以得到立体效果了，但是为了强化这种幻景，常常把照片近景中的物体剪切下来，放在照片前面：因为我们的眼睛对于距离很近的物体的立体感是很敏感的，而对于那些距离较远的物体的立体形象感觉就差一些了。

照片的放大

　　能不能拍摄出用正常眼睛就能看出立体感，而不需要借助于放大镜观看的照片呢？完全可以，只需要用一部有长焦镜头的照相机来拍照就可以了。根据前面的说明，使用焦距为25~30厘米镜头拍摄的照片，放在正常的距离来看（用一只眼睛看），就能够呈现出足够的立体效果来。

　　甚至还可以拍出这样的照片，就算是用两只眼睛、在较远的距离观看这些照片，都不会觉得是平面的影像。我们前面已经讲过，当两只眼睛获得的物体的像是完全相同的时候，我们的感觉会把它们合成为一幅平面的图画。但是随着距离的增加，这种感觉会快速减弱。实践证明，用焦距为70厘米镜头拍摄出来的照片，即使直接用双眼去看，都会有立体效果。

　　但是要求人人拥有一部带长焦镜头的照相机，实在太不现实了。所以现在我们告诉大家另外一种方法：就是把普通照相机拍摄出来的照片放大。照片经过放大以后，看照片的正确距离也随着加大了。如果把焦距为15厘米镜头拍摄出来的照片放大4倍或5倍，就可以得到我们想要的效果了：放大后的照片已经可以用两只眼睛在60~75厘米的距离上来观看了。照片上可能会有一些模糊的地方，但是影响不大，因为从远距离上看，这些地方并不明显；而从获得立体效果的角度来说，无疑是成功了的。

电影院中的最佳座位

　　经常光顾电影院的观众，想必都注意到过这样的情况，一些画面有着不寻常的立体效果：画面中的人物是那样的凸出，好像与背景完全分离，以致令人忘记幕布的存在，以为眼前是真正的风景或者活生生的演员站在舞台上。

　　这种电影画面的立体效果并不取决于胶片自身的特性，尽管大家经常是这么想的，而取决于观众所坐的位子。电影画面虽然也是用焦距很短的

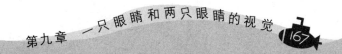

摄像机拍摄的，但是放映到银幕上时却会被放大很多倍，足有一百多倍，所以可以用两只眼睛在很远的距离来观看（10cm × 100 = 10m）。当我们观看画面的视角，与拍摄电影时摄影机"看"被摄景物的视角相同的时候，会得到最强的立体效果，这时候在我们面前的仿佛就是自然景色。

怎样算出与这种最佳视角相对应的距离呢？首先，选择正对画面中心的座位；其次，座位至银幕的距离与画面宽度的比值，要等于摄影机镜头焦距与电影胶片宽度的比值。

根据拍摄需要，在拍电影时最常使用的是35mm、50mm和100mm焦距的摄影机，胶片的标准宽度为24mm。那么，举个例子，如果焦距是75mm，比值如下：

所求的距离/画面宽度=焦距/胶片宽度= 75/24

这我们就知道了，在这种情况下，距离银幕的最佳距离大约是画面宽度的3倍。如果电影画面的宽度是6步的话，那么观看这些画面的最佳位子应该是在距离银幕18步远的地方。

在各种制作立体电影的方案中，都不应该忽略上述情况：因为基于这种原理的立体效果是最容易获得的，可以直接应用在新的发明中。

给画报读者的建议

书和杂志中刊登的照片，当然也有着与原本相同的特性：用一只眼睛、在适当距离观看这些照片，也同样有立体效果。由于不同的照片是用不同焦距的照相机拍摄的，所以只能用试验方式寻找最佳观看距离。请您闭上一只眼睛，把画报拿在手里，使之与视线垂直，让睁着的那只眼睛正对着照片的中心。现在，请您盯住照片，把画报一点一点拿近，这样您很容易捕捉到照片立体效果最强的那一瞬间。

用平常的方法观看照片，很多照片看起来并不清晰，而且是平面的，但是如果用我们前面讲到的方法来看这些照片，就会感觉到纵深，也更清楚了。用这种方法，我们常常能感受到水面的光泽以及其他的立体效果。

我们都应该感到奇怪，为什么这么普通的事实却很少有人知道。半个多世纪以前，卡彭特在他著名的《心理生理学原理》（该书的俄文译本出版于1877年）一书中就讲到了这个问题，让我们引用一段他的话：

太奇妙了，这种观看照片方法能够达到的效果，不仅仅局限于使物体产生立体感，还有很强的真实感和生动性，这种感觉在静水的影像中表现得尤为明显，而在一般情况下，这是照片最难表现的东西。的确如此，如果我们用双眼观看水的照片，会感觉水面就好像是用蜡制成的，但如果用一只眼睛看，就可以体会到惊人的透明度和纵深感。这种感觉，在所有能够反光的表面，比如青铜和象牙，都可以体现出来。如果用一只眼睛观看照片，很容易分辨出物体是用什么材料制成的，而用双眼，则要困难一些。

我们还需要注意一个情况：如果把照片放大可以使它显得更生动，那与之相反，把照片缩小就会使生动性降低。照片被缩小后，确实更清晰，但它们是平面的，没有立体感和纵深感。至于出现这种情况的原因，看过前面的论述后已经不难明白：照片被缩小以后，与之对应的本来就已经很小的"焦距"，就会变得更小了。

欣赏图画

我们前面讲过的欣赏照片的方法，在一定程度上也适用于图画——画家用手绘制的图画：最好也是站在一定距离欣赏它们。因为只有这样，才能感受到层次感，这时画面不再是平面的，而是有纵深的，立体的。最好是用一只眼睛欣赏图画，而不是用两只眼睛，尤其是欣赏尺寸很小的图画的时候。

"很早以前大家就知道，"就这个问题，英国心理学家卡彭

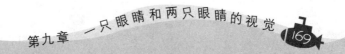

特在《心理生理学原理》中这样写道，"如果图画中的层次、光线、阴影和其他细节与所描绘的实物是完全对应的，那么我们用一只眼睛正确地欣赏这幅画，与用两只眼睛相比，画面会显得更加生动。如果我们借助于望远镜，图画周围的无关陈设就会被排除在视线外，这时的效果就会更好。原来对这种现象的解释完全是错误的。我们用一只眼睛比用两只眼睛看得更清楚，培根曾经说，是因为这时精神聚集在一个地方，力量更强。"

实际上，当我们站在适当的距离，用两只眼睛欣赏一幅画的时候，我们就会感到它只是一个平面；而如果只用一只眼睛去观看，我们就更容易感受到画面中的层次、光线、阴影等。这时，如果我们的注意力非常集中，很快就可以在画面上感觉到立体效果，甚至就像看到真实的风景一样。这种效果主要取决于图画的逼真度，也就是画家是否真实地还原了所有景物在平面上的投影。用一只眼睛欣赏图画还有一个优势，那就是这时候没有什么会使我们觉得这只是一幅平面的图画，我们的思想在此时是自由的，可以随心所欲地想象画中的景物。

把一幅巨大的图画缩小成照片以后，立体效果常常比原作还要强。原因您一定很清楚，因为图画缩小以后，我们不需要像原来那样站在较远的距离来观看了，所以在近距离就能够从小照片中感觉到立体效果了。

什么是实体镜？

从现在开始，我们把话题从图画转移到有形物体上来。首先，我们问自己一个问题：为什么我们眼中的物体是立体的，而不是平面的呢？要知道，在我们眼睛的视网膜上形成的像都是平面的啊！是什么原因使物体呈现在我们脑海中的时候，不再是平面的图画，而是三维的实体呢？

这里面有好几个原因。首先，物体各个部分的明暗程度不同，使我们可以推断出它们的形状；其次，由于同一物体的各个部分与眼睛之间的距离各不相同，为了看清它们，我们需要调节眼球，这时就会感受到不同的眼压：平面图画的所有部分与眼睛之间的距离都一样，而有形物体的各个部分却不在同一个距离上，所以，眼睛的"调节"是不一样的。但是，使我们看到立体物体的最主要的原因是：同一个物体，在每只眼睛中所形成的像是不相同的。这一点很容易证明，只要分别用左眼和右眼看一个离眼睛很近的物体就可以感觉了。左眼和右眼看到的物体是不同的，每只眼睛中都有各自的图画，正是这种差异，在经过大脑处理后，使我们产生了立体感（图120和图122）。

现在，想象一下有这样两张画，画的是同一个物体：左边画的是左眼看到的这个物体，而右边画的是右眼看到的物体。如果我们用这样的方法来看这两张画，就是左眼看左边的画，右眼看右边的画，则我们看到的不会是两个平面的图画，而是一个有凸起的、立体的物体，甚至比我们用一只眼睛看到的有形物体还要有立体感。借助于一种专门的仪器——实体镜，就可以观看这种成对的图画。在早期的实体镜中，使用镜子将两个影像合成在一起，而在现代的实体镜中采用的是玻璃凸棱镜：棱镜使光线产生折射，使两个影像在想象的延伸中重叠在一起（由于棱镜为凸棱镜，所以影像会略有放大）。我们看到，实体镜的原理非常简单，但用这么简单的设备，却能够得到令人震惊的结果。

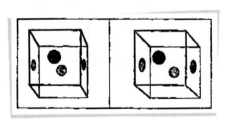

图122　带有斑点的玻璃立方体，左眼和右眼看到的不同影像

估计大部分读者都看到过各种舞台场景和风景的立体图片，还有的人看过实体镜和为简化立体几何教学而制作的图纸。在后面的讨论中，我们不再讲述大家或多或少已经了解的实体镜的应用，而是只关注读者大概还不了解的东西。

我们的天然实体镜

在研究立体图片的时候，也可以不使用任何仪器：只需要让自己学会如何相应地控制眼睛。在掌握这种技巧后，就与看实体镜没有什么分别了。实体镜的发明者惠斯通，最初采用的就是这种自然方法。

这里我向大家推荐几组复杂度逐渐增加的立体图片，建议大家不要使用实体镜，而是直接用眼睛观看。经过几次练习之后，一定可以掌握观看技巧。

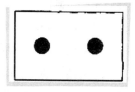

图123　连续几秒钟凝视两个点之间的间隙——两个黑点会合并成一个

图124　重复前面的动作。当两个图形合并在一起之后，转向下一张图片

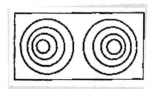

图125　当两个图形合并在一起的时候，您看到的仿佛是一个伸向远方的管子的内壁

请您从图123开始，这是一对黑点。把图放在眼前，不要把视线从两个黑点之间的间隙上移开，坚持几秒钟，就好像您在看图片后面很远处的一个物体。很快，您就不再看到两个点，而是四个点——小圆点一分为二了。然后，外面的两个点逐渐走远，而中间的两个点逐渐靠近，最后合并成一个点。请您用同样的方法观看图124和图125，在图125上，当左右两个图形合并在一起时，您就好像看到了一根很长的管子的内壁。

如果前面的练习都取得了成功，您就可以转向图126了。在这里，您应该看到一个悬浮在空中的几何体。在图127上，您应该看到一个石头建筑中的长长的走廊或者隧道。在图128中，您可以欣赏到一只透明的玻璃鱼缸。最后，图129，呈现在您眼前的已经是一副完整的图画——海上风景。

学会直接观看这种成对的图片不是十分困难。

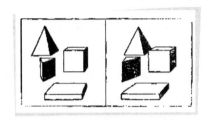

图126　这四个几何体合并以后仿佛飘浮在空中

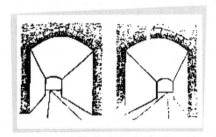

图127　长长的走廊，一直通向浪远的地方

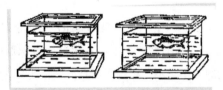

图128　鱼缸中的鱼

图129　海上风景立体图

　　我的很多朋友在试了几次之后，就很快地掌握了这种技巧。近视和远视的人，也可以不用摘下眼镜，就像平时看任何图片那样，看这些立体图片就行了。如果没有找到合适的观看距离，就请试着把图片移近或者拉远。但无论在什么情况下，一定要在充足的光照下进行这个实验，因为这会对实验成功有很大帮助的。

　　如果您学会了不借助于实体镜观看上面的图片，您就可以使用已经掌握的技巧欣赏任何立体图片，不再需要专门的仪器了。这样，本章后面给出的几张立体图片，您欣赏起来就十分简单了。不过，不要过分迷恋观看这种立体图片，否则会把眼睛搞得十分疲劳。

　　如果您最终没能掌握控制双眼的方法，在没有实体镜的情况下，也可以借助于远视眼镜的镜片——在一块纸板上剪两个圆孔，把镜片粘在圆孔上，并在两个镜片之间放一块隔板，使眼睛只能通过这两个圆孔望出去。这个简易的实体镜，完全可以协助我们达到目的。

用一只眼睛看和用两只眼睛看

　　在图130左上方的照片中，有三个玻璃药瓶，看起来好像是一样大的。不管您如何认真观察这些图片，都不会看出这些玻璃瓶的大小有什么不同。但实际上它们的大小是不一样的，而且差别很明显。之所以这些玻璃瓶看起来是一样大的，是因为它们到眼睛或者照相机的距离不同：大玻璃瓶比小玻璃瓶距离我们更远。但这三个瓶子中，究竟是哪一个离我们近一些，而哪一个又远一点呢？这用普通的观看方法是无法确定的。

图130　左：用肉眼直接看到的景物。右：在实体镜中看到的景物

　　问题很容易回答，只要求助于实体镜，或者用我们一直在讲的观看立体图片的方法。您会非常清楚地看到，三个玻璃瓶中，最左边的一个瓶子，要比中间的那个远得多，而中间的瓶子又比右边的瓶子远。图130右边图片上显示的是这些玻璃瓶的实际大小。

　　图130下方的图片就更有震撼力了。图片中有两只花瓶，两只蜡烛和一座时钟，而且两只花瓶以及两只蜡烛的大小看起来是完全一样的。而实际上它们的大小有着极大的差别：左边的花瓶差不多有右边花瓶的两倍大，而左边的蜡烛要比时钟和右边的蜡烛矮很多。如果我们采用前面讲到的观看立体图片的方法看这些照片，立即就能发现其中缘由：这些物体不是排成一个横队的，而是放在不同的距离上：大物件放在远处，而小物件是放在近处的。

　　用"两只"眼睛观看立体图片，要比用"一只"眼睛观看照片获得的立体效果更强，这是毫无疑问的。

鉴别赝品的简单方法

如果我们有两张完全一样的图片，比如，两个相等的黑色正方形。在实体镜中，我们看到的还是一个正方形，与原来两个正方形中的任何一个都没有区别。如果在每个正方形的中心都有一个白点，显然，在实体镜中看到的正方形上也会有一个白点。但是，假如一个正方形上的白点不是在正中间，而是稍微偏向一侧，那么就会得到意想不到的效果：在实体镜中还是可以看到一个白点，但这个白点已经不是在正方形的平面上，而是在它的前面或者后面。两张图片中一个微小的不同，就可以在实体镜中产生纵深感。

这就给我们提供了一种鉴别假钞和银行票据的简单方法。把怀疑的假钞和真钞放在实体镜下，不管伪钞做得多么逼真，都可以鉴别出来：一个字母、一条细线的不同，都会十分醒目，因为这个字母或者细线会跑到背景的前面或者后面去（多维在19世纪中叶最先发明了这种假钞鉴定方法，但它并不适用于今天的所有货币。印刷的技术条件决定了，即使是两张真钞版样，在实体镜下也并不一定给人以平面图像的感觉。但是，如果两个不同批次的版样的印刷铅字不同，就可以用多维的方法来区分）。

巨人的视力

当物体距离我们非常远的时候，超过450米，我们两眼之间的距离就不足以产生视觉上的差异，因此，远方的建筑物、山峦、景物，对我们来说，都是平面的。由于同样的原因，我们觉得夜空中所有的天体距离我们都是一样远的，而实际上月亮要比太阳系的行星近得多，而这些行星至地球的距离与其他恒星比起来，简直是微不足道。

一般来说，对于450米以外的所有物体，我们会完全失去直接获得立体感的能力：这些物体在左眼和右眼中看起来都是一样的，因为我们双眼瞳孔之间的距离——6厘米，与450米相比实在是太微不足道了。不言而喻，在这种条件下拍摄出的立体图片也是完全相同的，在实体镜中也不会产生立体感了。

但这个问题是很容易解决的：在两个点来拍摄远处物体的照片，而这两个点之间的距离，要远大于我们正常的瞳间距。这时候，我们就可以在实体镜中看到这些照片中的立体感，就好像我们两眼之间的距离突然增大了很多倍一样。景物的立体照片实际上就是这样拍摄出来的。一般情况下，实体镜中都装有放大棱镜（带凸面），所以这些立体照片在我们的眼中会变得与原物一样大小，那种效果是十分令人惊叹的。

读者们大概已经想到，可以制造这样一种由两个望远镜组成的仪器，使我们可以直接看到具有立体感的实际景物，而不是在照片中。这样的仪器已经有了，就是——立体望远镜（图131）：两个分离的镜筒，镜筒之间的距离要远远超过我们的瞳孔间距，两边的像经过反射棱镜进入观察者的眼睛。很难描述我们看立体望远镜时的感受，实在是太不可思议了：远方的山峦起伏有致，树木、峭壁、建筑物、海上的船只，都变圆了，鼓了起来，一起都陈列在无限广阔的空间里，而不是在平面的银幕上了。您可以直接看到，远方的船只在行进，而在普通望远镜中，这些船只则是静止的。神话故事中巨人眼中的景象应该就是这样的吧。

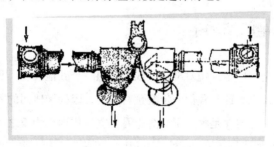

图131　立体望远镜

如果立体望远镜的放大倍数为10倍，而两个物镜之间的距离是我们正常瞳间距的6倍（也就是等于$6.5 \times 6 = 39cm$），则用立体望远镜看到的景物的立体效果，要比我们直接用双眼看到的，高出$6 \times 10 = 60$倍。因此，即使是远在25千米之外的物体，在立体望远镜中还是有很强的立体感的。

对于土地测量员、航海者、炮兵以及旅行家来说，立体望远镜确实是

 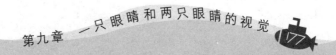

不可替代的，特别是那种带刻度、可以用来测量距离的立体望远镜。

蔡司棱镜双筒望远镜也有同样的效果，因为这种望远镜两个物镜之间的距离，也要超过我们双眼之间的距离（图132）。而观剧镜则正好相反，物镜之间的距离被缩小了，使立体感减弱（为使布景看起来更逼真一些）。

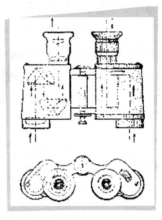

图132　带棱镜的双筒望远镜

实体镜中的浩瀚宇宙

如果我们把立体望远镜对准月亮或者任何一个其他天体，我们不会感觉到一点立体效果。这是我们一定会预料到的，因为天体间的距离对于立体望远镜来说，也实在是太大了。想想看，立体望远镜物镜之间的距离为30~50cm，这跟地球与星体之间的距离相比，又算得上什么呢？即使我们能够制造一个物镜之间间距达到几十千米，甚至几百千米的立体望远镜，用它来观察几千万千米以外的星体，也还是不会得到任何立体效果的。

这时又得靠立体照片来帮忙了。假设我们昨天拍摄了一张某个星体的照片，今天又拍摄了一张；两张照片都是在同一个地方——地球上——拍摄的，但却是在太阳系上两个不同的点拍摄的，因为地球在这一昼夜时间里已经在自己的轨道上运行几百万千米了。显然，两张照片是不同的。如果把这两张照片放在实体镜下，我们看到的将不是一个平面的像，而是立体的。

因此，我们可以利用地球的公转，在两个相距非常远的拍摄点上给天体拍照，这样就可以获得天体的立体照片。想象一下，一个巨人，巨大的头颅，两只眼睛的间距有几百万千米，这时候您就会明白，在立体照片的帮助下，天文学家们取得了多么不寻常的成就。

在今天，人们还使用实体镜来发现新的行星，也就是那些在火星和木星轨道之间运行的大量小行星。不久之前，发现这些小行星还是碰运气的事情，而现在，只要把不同时间拍摄的、天空中同一区域的两张照片放在实体镜下对比，如果在这个样片中有小行星，实体镜马上就可以把它区分出来，因为在共同的背景上，这个小行星是凸出来的。

借助于实体镜，不仅能够捕捉到两个点位置上的不同，还能捕捉到它们之间亮度的差别。这给天文学家发现所谓的"变星"——也就是亮度周期性变化的星体——提供了很大帮助。如果在两张照片中某一个星体的亮度不同，则实体镜会立刻将这个亮度有变化的星体给天文学家指出来。

三只眼睛的视觉

您不要认为，我们在这里说第三只眼睛是口误，就像《上尉的女儿》中情绪非常激动的伊凡·伊格纳季奇口中说的："他对准你脸骂，你就对准他耳朵骂，另外一只，第三只——然后各自走散。"我们在此将要讨论的的确是用第三只眼睛看东西。

用三只眼睛看东西？难道还能给自己再弄到一只眼睛吗？

您看，我们要讲的确实就是三只眼的视觉。科学还没有能力给人们第三只眼睛，但是它却可以让我们看到，只有拥有三只眼睛才能看到的东西。

让我们从下面的论述开始。有一种方法，可以让一个失去一只眼睛的人观看立体照片，并从中体会到立体效果，而这种效果是他直接观看照片所不能得到的：把分别为左眼和右眼准备的照片放映在银幕上，但要不停地、快速地不断切换；也就是说，把正常人两只眼睛同时看到的东西，以快速切换的形式依次地呈现给一只眼睛的人。但结果却是完全相同的，

 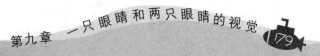

因为飞快切换的视觉映像会合成一个像，与双眼同时看到的像没有区别。
（也许，电影画面产生异常的立体感主要是由于我们前面讲到的原因，但
是我们现在要说的因素，也会导致立体感的出现：如果拍摄这部电影的摄
像机在拍摄过程中出现规律性的震动，比如胶片传动装置运转引起的震
动，则一部分电影画面可能就会出现不一致的情况；在银幕上快速切换地
播放这些画面时，在我们的眼中就会产生立体效果。）

如果是这样的话，一个两只眼睛的人就可以用一只眼睛观看快速切换
的照片，而用另外一只眼睛看一张在第三个观察点拍摄的照片。

换句话说，就是在不同拍摄点给同一物体拍摄三张照片，就好像我们
用三只眼看这个物体一样。然后把其中两张照片快速切换地呈现在观察者
的一只眼睛中；由于不断地快速切换，两张照片在人的视觉中就会合成为
一个立体的像，在这个像的基础上，我们再附加另外一只眼睛看到的第三
张照片。

在这种情况下，我们虽然只是用两只眼睛去观看，但看到的效果就像
我们有三只眼睛一样：有更强烈的立体感。

光芒是怎样产生的？

在图133上的立体照片中给出的是两个多面体，其中一个是白色线条、
黑色背景，另外一个是黑色线条、白色背景。如果在实体镜下观看这两张
图片，我们会看到什么呢？很难猜到。让我们来听一下赫尔姆霍茨是怎么
描述的吧：

> 如果某个平面在一张立体图片上是白色的，而在另外一张上
> 是黑色的，那么在实体镜下，合并在一起的图片就会发出光芒，
> 即使这两张图片是印在十分粗糙的纸上，同样会感觉到这种光
> 芒。晶体模型的立体图纸（图133）会给人一种感觉，就好像晶体
> 的模型是用钻石制成的一般。利用这种方法，可以使水、树叶以

及其他东西在实体镜下熠熠发光。

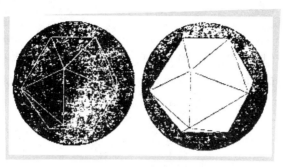

图133 实体镜下的光泽。在实体镜下观察这两张图片，
看到的是黑色背景下熠熠发光的晶体

我国伟大的生理学家谢切诺夫所著的《感官的生理·视力》一书虽然出版很久了（1876年），但其中的科学思想远远没有落后。在该书中，生理学家是这样生动地解释这种现象的：

我们在实验中用实体镜观察两个明暗程度不同或者着色深浅不同的表面时，与直接观看闪光物体时的实际状况相同。那么，粗糙的表面与闪光（光滑）的表面究竟有什么区别呢？粗糙的表面会把光线反射到四面八方，所以无论从什么方向去看这个表面，眼睛感受到的明暗度都是一样的；而光滑的表面只会把光线反射到一定的方向，所以很可能出现这样的情况：在我们观察这个表面的时候，一只眼睛接收到很多反射光，而另外一只眼睛却几乎一点也没有接收到反射光（这种情况，正好和我们在实体镜下观察一黑一白两个平面的实验相对应）。显然，在观看闪光的表面时，不可避免地会出现反射光在观察者双眼之间分配不等的情况（也就是射入一只眼睛的光线较多，而射入另外一只眼睛的光线较少的情况）。

这样一来，读者一定看到，物体在实体镜下出现光芒，证明了"经验"在立体像的形成中起到最为重要的作用。当我们的感觉器官依据"经验"把两眼看到的景物的差别，与某种熟知的实

际情景联系起来以后，双眼中景物的差别会立刻让位给这种根深蒂固的"经验""。

总之，我们在实体镜下看到光芒的原因（至少是其中一个原因）是：左眼和右眼捕获的像亮度不同。如果没有实体镜，我们恐怕就不会揭开这个秘密了。

快速运动中的视觉

前面我们曾经讲到过，如果同一个物体的不同的影像在我们眼前不断地快速切换，就会产生立体的感觉。

于是就产生了一个问题：这种情况只是在眼睛不动、图像在动的时候才会出现，还是在图像不动、眼睛飞快运动的情况下也会出现呢？

答案是我们应该预料到的：在这种情况下的确会产生立体效果。可能有些读者已经注意到，在飞速行驶的列车中拍摄的电影画面，会呈现出不同寻常的立体效果，甚至不比在实体镜的效果差。我们自己也可以直接证明这一论断：坐在飞快行驶的火车或者汽车中仔细观察车窗外的景物，就会发现外面的景物有很强的立体感，远近分明。这时候纵深感明显增强，已经超过眼睛不动时的450米极限立体视距了。

我们从飞驰的车中向窗外望去时，会觉得外面的风景非常宜人，是不是这个原因呢？远处的景物仿佛向后退去，周围的连绵不绝的图画，使我们清楚地感受到大自然的雄伟壮观。当我们在疾驰的汽车中经过一片树林的时候，由于同样的原因，我们看到的每一棵树、每一根树枝、每一片树叶，都是那样棱角分明、清晰可辨，而不是像站在路边的观察者看到的那样连成一片。

当我们坐车在山区沿着公路高速行驶的时候，我们的眼睛也能够直接分辨出整个地面的起伏，高山和低谷也显得格外分明。

只有一只眼睛的人也能够看到这种效果，对他们来说，这一切是全新的、从未经历过的。我们已经指出，看到立体的景物，不是像大家想象的那样，一定要两只眼睛同时看到不同的画面；一只眼睛也可以体会到立体感，只要这些不同的画面以足够的速度在不停切换就可以（正是由于这个原因，在火车上拍摄影片时，如果火车行驶路线为一条曲线，而被拍摄的景物位于这条曲线的半径方向，则拍摄出的电影画面就会有非常明显的立体感。我们这里讲的所谓"火车效应"，很多电影摄影师都非常了解）。

没有比证明上述结论更容易的事情了：只要我们坐在火车或者汽车里的时候，多留心所看到的景物就可以了。这时候，您可能还会发现另外一个奇怪的现象，一百多年前，多维是这样描述这种现象的（事实上，已经被完全遗忘的东西也可以算是新东西）：在车窗边一闪而过的物体看起来好像是被缩小了。这种现象与立体视觉没有太大关系，主要是因为我们看到快速运动的物体的时候，总是不能正确判断它的远近；因为如果我们眼中的两个物体是一样大的，我们会不自觉地认为，那么那个距离我们较近的物体的实际尺寸，比那个距离我们较远的物体要小。这就是赫尔姆霍茨提出的解释。

透过有色眼镜

如果您带着红色眼镜，观看一张白纸上写的红字，您就会看到一片均匀的红色底色，除此之外，什么也没有。任何文字的踪迹您都发现不了，因为这些红色的字母已经与红色背景融为一体了。然而，如果透过红色镜片观看白纸上的浅蓝色文字，您就会看到红色背景上的黑色字母。为什么字母会是黑色的呢？原因很简单：浅蓝色光线是不难穿过红色的玻璃的（因为这种玻璃只能让红色光线穿过，所以看起来是红色的），所以在蓝色字母所在的地方，我们看不到任何光线，也就是说，我们看到的是黑色字母。

所谓的"补色立体图"就是基于彩色玻璃的这种特性，这种图片是采用特殊方法印制的，并且可以产生与立体照片相同的效果。在补色立体图中，分别为左眼和右眼准备的像是印在一起的，只是使用不同的颜色：浅蓝色和红色。

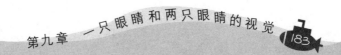

只要带上有色眼镜，我们看到的就不再是两个彩色的图像，而是一个黑色的、富有立体感的图像。右眼透过红色的玻璃看到的只是浅蓝色的图案，也就是为右眼准备的图案（这时我们右眼看到的不是彩色的图案，而是黑色的）。左眼透过浅蓝色玻璃看到的只是与之对应的红色图案。每只眼睛只能看到一种图案，也就是专门为这只眼睛准备的图案。这种情形就与使用实体镜时完全一样了，所以，结果也是一样：获得立体效果。

"光影的奇迹"

在电影院中偶尔会放映立体电影，这种"光影奇迹"的特技效果，就是建立在我们前面讲过的原理之上的。

所谓的"光影奇迹"，就是观众们（带着双色眼镜）看到的移动的景物的影像是立体形式的，就好像是可以从银幕上走出来的。这种感觉是利用双色实体镜制造出来的。把一个物体放在银幕与两个并排放置的光源—— 红色光源和绿色光源——之间，这样在银幕上就会产生两个有色的影子，红色影子和绿色影子，这两个影子会部分重叠。观众们不是用双眼直接去观看这些影子，而是透过装有红色和绿色玻璃的平面眼镜去观看，这样这个影子就会是立体的了。

现在我们已经明白，在这种情况下会产生景物从银幕上向前凸出来的立体感，这种"光影奇迹"创造的幻象是非常震撼的：有的时候，一件东西被直接掷向观众，有的时候，一只巨大的蜘蛛在空中向观众爬过来，所有人都不由自主地惊声尖叫，并转过脸去。这种制造"光影奇迹"的装置非常简单（图134）：这里绿和红分别表示红灯和绿灯（左侧），而P和Q表示两个位于灯泡和银幕之间的物体，而p绿、p红、q绿、q红分别表示物体P和Q映在银幕上的彩色影子，而P_1和Q_1则是观众们透过有色镜片看到的物体P和Q的位置。当道具"蜘蛛"从银幕后面的Q点爬向P点时，观众们感受到的则是蜘蛛从$Q1$点爬向$P1$点。

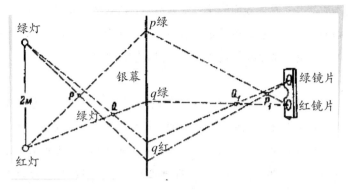

图134 "光影奇迹"的秘密

一般来说，把银幕后面的物体移近光源，会使银幕上的影子变大，产生物体从银幕向观众运动的错觉。观众们看到的所有从银幕飞向自己的东西，实际上是朝相反方向运动的从银幕向光源。

出人意料的颜色变化

参观过坐落于基洛夫岛上的彼得格勒中央文化休息公园"趣味科学展厅"的观众，都很喜欢那里形形色色的光学实验，在这里我们向读者介绍其中几个。展厅的一角被布置成一个客厅的样子，您在这里可以看到罩着深橙黄色布套的家具，铺着绿色桌布的桌子，装有红莓果汁和花朵的玻璃瓶，书架上排列着书籍，书脊上可以看到彩色的文字。开始，这一切都展示在白色的灯光下，然后，工作人员搬动开关，白色的灯光变成了红色的，客厅中发生了出人意料的变化：家具变成了粉红色的，绿色的桌布变成了暗紫色的，果汁成了无色的，像水一样，所有花朵的颜色也全变了，好像完全是另外一种花了，而一些书脊上的字消失得无影无踪……

工作人员再次搬动开关，角落淹没在绿光里，客厅再次变得几乎让人认不出来了。

所有这些有趣的变化都是牛顿关于物体颜色学说的生动演示，这个学

 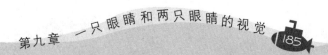

说的本质就是：物体表面的颜色永远不是它所吸收的光线的颜色，而是它所反射的光线的颜色，也就是发射到观察者眼中的光线的颜色。牛顿的同胞，著名的英国物理学家丁达尔是这样描述这个原理的：

> 当我们用白色的光线照射物体的时候，如果绿色光线被吸收，红色就会显现出来，而如果红色光线被吸收，就会呈现出绿色，与此同时，在这两种情况下其他的颜色都会显现出来。这就是说，物体用否定的方法获得自己的颜色：颜色不是附加的结果，而是排除的结果。

因此，绿色的桌布之所以会在白光下呈现绿色，是因为它具有反射绿色和在光谱上与绿色相邻颜色光线的能力，而其他颜色的光线，绿色桌布只能反射很少一部分，大部分都会被其吸收。如果把红光和紫光同时射向绿色桌布，则桌布会吸收大部分红光，基本上只反射紫光，这时候眼睛看到的就是暗紫色。

客厅一角所有颜色的变化，基本都是源于这个原因。现在只剩下无色果汁这一个谜题了：为什么红色的液体在红光的照射下看起来是没有颜色的呢？答案就在果汁瓶子下面的白色餐巾上。这块白色餐巾是放在绿色桌布上的，如果把它拿掉，大家立刻就会发现，在红光下玻璃瓶中的液体不再是无色的，而是红色的。只有在白色的餐具上，果汁看起来是无色的，因为餐巾在红光下会变成红色，而我们按照习惯结合深颜色桌布的反差来判断，还是认为餐巾是白色的。由于玻璃瓶中液体的颜色与伪红色餐巾的颜色一样，我们也就不由自主地认为果汁是无色的了；在我们的眼中，这已经不是一杯果汁，而是一杯清水了。

上面详述的这些实验是可以简化的：找一些有颜色的玻璃，透过它们观察四周的景物。（在本书作者《您是否了解物理》一书中还有对类似现象的描述。）

书的高度

再做一个小实验：让您的客人拿一本书在手上，请他在墙上比划一下，如果把这本书立在地板上，它会有多高。在他做出标记之后，把书立在地板上：您会看到，书的实际高度比您的朋友比划的高度差不多要矮一半。

如果不让您的朋友自己弯腰在墙上标出高度，而是让他口头上对您说，应该把标记做在墙边的什么位置，实验的效果就会更好。很显然，在这个实验中，我们也可以不用书，而是用灯泡、帽子以及其他我们习惯近距离平视的物体。

产生这种错误的原因就是，当我们顺着一个物体看它的时候，物体的长度就会缩短。

钟楼上大钟的大小

您的客人在估算书的高度时所犯的错误，我们在判断很高处物体的尺寸时也经常会犯。在我们试图确定钟楼上大钟的尺寸时，这样的错误尤为明显。我们当然知道这些大钟是十分巨大的，但是我们想象中的尺寸还是要比它们的实际尺寸小很多。图135上向我们展示的是著名的伦敦西敏寺塔楼上大钟的表盘放在路面上的情景。

与这个大钟盘相比，人看起来就像一只甲虫。如果看一眼图135中远处的钟楼，您一定不会相信，这个大钟与钟楼上看到的圆孔大小是一样的。

图135　伦敦西敏寺塔楼上大钟的尺寸

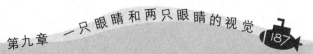

白色的和黑色的

请您从远处观察图136并告诉我们：在下面的黑点与上面任意一个黑点之间的空白地带，可以再容纳几个黑点呢——四个、还是五个？您很可能会回答，四个黑点应该可以轻松放得下，如果要放五个黑点，地方可能不太够。如果我对您说，在两个黑点之间正好可以放下三个黑点，一个也不能再多了，您一定不会相信。那就请您拿出白纸或者圆规来证明一下，您的的确确是错了。

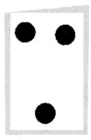

图136　下面的黑点与上面任意一个黑点之间的空隙，看起来要比上面两个黑点外部边缘之间的距离要大，但实际上这两个距离是相等的

大小相同的两段区域，在我们的眼中，黑色的总是比白色的看起来要短一些，这种错觉被称为"光渗现象"。产生这种现象，是因为我们的眼睛还不够完善，作为一个光学仪器，我们的眼睛还不能完全满足对光学仪器的严格要求。我们眼睛中的折射介质，无法在视网膜上形成在一部调好焦距的照相机毛玻璃上那样清晰的轮廓：由于所谓的球面像差作用，每一个光亮的轮廓外面都会有一圈亮边儿，使视网膜上该轮廓的尺寸变大，结果，我们总是觉得浅色的区段要比深色的区段大，而实际上它们是一样大的。

歌德是一位善于观察大自然（虽然他始终不是一名谨慎的物理学家，理论家）的诗人，他在自己的《颜色论》中是这样描写这种现象的：

同样大小的物体，浅色的看起来总是比深色的要大一些。如果我们同时观察半径相同的两个点，一个是黑色背景上的白点，另外一个是白色背景上的黑点，后者看起来要比前者小大约1/5。如果把黑点适当地放大，它们看起来就一样大了。月牙所属圆的半径，看起来就要比月亮黑暗部分

（月牙外的黑暗部分有时候也可以看到。"灰色"的月光——雅·别莱利曼注）所属圆的半径要大。穿深色衣服的人，看起来要比穿浅色衣服的人要瘦一点。光线从某一物体边缘射过来的时候，会使人感觉到这个物体的边缘缺了一块。如果把一根直尺放在蜡烛前面，对着烛光的地方会出现缺口。日出和日落的时候，在地平线上都仿佛有一个大坑。

歌德的这些观察结果大部分都是正确的，只有一点有问题，那就是白点看起来总是比黑点大一定的倍数。这个比例取决于观察距离，现在我就演示给您看，为什么是这样的。

把图136拿得离眼睛更远，那种错觉就越强烈，越令人惊奇。原因不复杂，就是物体周围那个亮边儿的大小总是固定不变的，我们近距离观察时，亮边儿会让浅色区域增大10%，而当我们远距离观察的时候，浅色区域的像已经变小，同样大的亮边儿已经不是使这一区域增大10%了，而是30%，甚至是50%。我们眼睛的这种特性，还可以解释在图137中看到的奇怪现象。如果近距离观察图137，我们看到的是黑色背景上的一组白点，如果把书拿远，在两三步以外观察这幅图（如果您的视力足够好，可以在6~8步以外观察），图形就完全变样了：您看到的不再是白点，而是蜂窝一样的六边形了。

图137　在一定的距离上观察，圆点就会变成六边形了

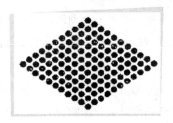

图138　从远处看，黑色的圆点就像是六边形一样

利用光渗现象来解释这种错觉，不能使我感到非常满意，因为我发现，白色背景上的黑色圆点从远处看起来也是六边形，但是光渗现象不会把黑点放大，而是会缩小。应该说，所有关于视错觉的解释都不能算作是最终的解释，大部分错觉甚至到现在还没有解释。（如果读者有兴趣详细了解有关视错觉的知识，请参阅本作者所著的《视错觉》一书，该书为一本视错觉集。）

哪个字母更黑一些？

通过图 139，我们可以了解到我们眼睛的另外一个不完善的地方——像散现象，也就是我们平常所说的散光。如果用一只眼睛观察图139，您可能不会觉得这四个字母都是一样黑的。请记住您觉得最黑的那个字母，现在，再从侧面看这张图，您会发现，出现了出人预料的变化：原来最黑的那个字母变成灰色的了，现在最黑的字母已经是另外一个了。

图139　请用一只眼睛观察这张图。您会感觉到有一个字母比其他字母更黑

实际上，所有的字母都是一样黑的，区别只是组成字母的斜线不是朝着一个方向。如果我们的眼睛像贵重的玻璃镜头那样有着完美的构造，则斜线的方向是不会影响对字母黑度的判断的。但是，我们的眼睛对不同方向射来的光线的折射感受程度不一样，所以我们不能同样清晰地看到竖直线、水平线和斜线。

眼睛完全没有这样缺陷的人是非常少见的，而且有一些人的散光已经达到了很强的程度，使清晰度降低，影响视力。如果想要看清楚东西，严重散光的人就必须佩戴特制的眼镜。

人的眼睛还有其与生俱来的缺陷，而这些缺陷在制造光学仪器的时候是可以避免的。著名的赫尔姆霍茨曾就这个问题这样写道："如果有哪个光学仪器制造者打算把有这些缺陷的仪器卖给我，我认为我有权用最激烈的方式向他工作中的疏忽表示不满，提出抗议，并把仪器退还给他。"

但是，除了这些构造缺陷造成的错觉之外，一些完全不同的其他原因，也会使我们的眼睛被骗。

复活的肖像画

所有的人大概都看到过这样的肖像画，画面中的人物不仅一直看着我们，而且甚至用眼睛盯着我们，我们走到哪里，他就把目光转向哪里。肖像画的这种奇异的特点很早就有人注意到了，而且总是让人感觉到十分神秘；神经质的人甚至会被它直接吓到。在果戈理的小说《肖像》中就有一段精彩的描写：

"眼睛凝视着他，就好像除了他之外，不想看其他任何东西……肖像的目光从他周围的东西上掠过，直接射向他，就好像要射入他的身体里……"

有很多迷信的传说与肖像画中神秘的目光有关（同样在《肖像》这部小说中），但是此中的奥秘不过是简单的视错觉罢了。

整个秘密只有一点，那就是肖像画中人物的瞳孔在眼球的正中央。一个直视我们的人的眼睛就是这样的，如果他把目光转向旁边，看我们身边其他的东西，我们就会发现他的瞳孔和整个虹膜已经不在眼球中间，而是会稍微移动到旁边了。当我们走到肖像画侧面时，画中人物的瞳孔当然不会改变它的位置，还是在眼球的正中央。除此以外，我们看到的人物面孔也还在原来的位置上，于是我们自然而然地觉得肖像画中的人物把头转向了我们，而且紧盯着我们了。

同样的原因，也可以用来解释另外一些图画中让人感到不舒服的地方：一匹马径直向我们跑来，无论我们躲到哪边，好像都避让不开；一个人指着我们：他的手直接朝着我们向前伸出，等等。在图140中您看到的就是这类肖像画的一个示例。这种类型的招贴画经常用于宣传或者广告的目的。

图140　神秘的肖像画

如果我们仔细推敲一下产生这类错觉的原因，就会明白，这里面没有什么好奇怪的，甚至正好相反，如果这些图画没有这种特点，那倒是真的应该感到奇怪了。

插在纸上的线条和其他视错觉

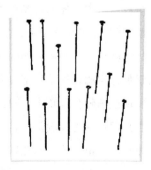

图141　如果您闭上一只眼睛，而把另外一只眼睛的目光集中在图上这些线条延长线的交
叉点上，您就会仿佛看到一把插在纸上的大头针。如果把图稍微左右移动一下，
大头针就会摇摆起来

图141中的这些大头针，乍看起来没有任何特别之处。但请您把书举到

眼睛的高度，闭上一只眼睛，看着这些线条，并把目光顺着这些线往下移（需要把目光集中在这些线条延长线的交叉点上），这时您就会感到，这些大头针不是画在纸上的，而是立着插在纸上的。轻轻把头偏向一侧，这些大头针好像也会向这边倾斜。

这种错觉可以用透视定律来解释：如果我们用前面描述的方法来看图中画的这些大头针，我们看到的就是一些竖着插在纸上的大头针的投影。

我们经常被视觉欺骗，但这不能被完全看做是我们视觉上的缺陷。人类的这种视觉特点也有其有利的一面，尽管我们总是忘记这一点。事实上，如果我们的眼睛不会产生这种错觉，那写生画就不会存在了，我们也就无法享受所有造型艺术带来的美感。画家们就是广泛地利用了人的这种视觉缺陷的。18世纪天才的科学家欧拉在著名的《有关各种物理资料书信集》（1774年出版于圣彼得堡，斯杰潘·卢莫夫斯基翻译）中写道：

> 整个写生艺术都基于这种错觉。如果我们习惯于按真实的情况去评论事物，则这种艺术（也就是美术）就不会有地位，就像我们都是盲人一样。画家们将徒劳地把全部技巧用于调色，因为我们会说：这是画板上的一个红点，那是个蓝点，这还有一个黑点，那边还有几条白线；所有东西都在一个平面上，看不出任何距离上的差别，也画不出任何一个物体。无论在上面画的是什么东西，在我们看起来就是纸上写的字而已……如果我们的视觉是那样完美，我们就会失去美术每天带给我们的快乐和享受，难道这不是令人非常遗憾的事吗？

视错觉非常之多，各种各样的错觉例子甚至可以收集成一册书（在前面曾经提到的《视错觉》一书中，有超过60个视错觉的示例）。其中很多例子是大家所熟知的，也有一些是大家还不知道的。在这里，我挑选了一些大家还不太熟悉的视错觉示例。图142和图143是两张有格子底纹的图片，其视错觉效果非常特别：您眼睛一定不会相信，图142中的所有字母都是笔直的，更让人难以接受的是，图143中画的竟然不是螺旋线。如果想证明这一点，您可以直接尝试一下，把铅笔尖放在一条伪螺旋线上，然后沿着弧线描画，您就会发现，您既不会接近圆心，也不会远离圆心，而是在绕着圆心画圈。同样，您还可以借助于圆规证明，在图144中，线段AC并不比线段AB短。图145、图146、图147和图148所展示的视错觉，详见图下方的说明。图147所产生的错觉是那么强烈，以至于闹出了一个笑话：本书以前版本的一个出版者，从制锌版者处拿到锌版的校样时，竟认为那个锌版还没有做完，准备送回制版车间，叫人把白线交叉处的灰色斑点去掉，这时我正巧走进房间，才向他解释清楚是怎么回事。

图142　字母实际上是竖直的

图143　这个图形中曲线看起来是螺旋线，而实际上是同心圆。

只要用削尖的火柴根顺着曲线划一下就知道了

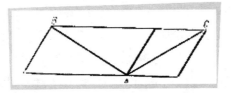

图144　线段AB和线段AC的长度相等，尽管前者看起来要长一些

图145　与竖条相交的斜线，看起来好像是折断的

图146　白色的方块同黑色的方块是一样大的，白色的圆点同黑色的圆点也是一样大的

图147　在这张图形上，白色线条的交叉处有时隐时现的方块状灰色斑点。而实际上这些

白色线条是纯白色的，如果用纸把相邻的黑色方块盖住，就可以证明这一点了。

灰色斑点是颜色反差的结果

 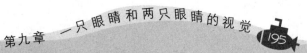

图148 在黑色线条的交叉处出现灰色的斑点

近视的人是怎样看见东西的

近视的人如果不戴眼镜，就看不清东西，但是近视的人看见的物体究竟是什么样的，对视力正常的人来说，一定是一头雾水。但是眼睛近视的人还是相当多的，所以了解他们眼中的世界，还是很有意义的。

首先，近视的人（当然，是不戴眼镜的）一般情况下看不到清晰的界线：对他们来说，所有物体都有模糊的轮廓。一个视力正常的人，在蓝天的背景下，是可以清晰地区分出单独的树枝和树叶，而近视的人看到的只是一团没有形状的、模模糊糊的绿色，细微的地方是完全看不到的。

与视力正常的人相比，近视的人会觉得他们面前的人更年轻、更英俊，因为他们看不到皱纹以及其他细小的缺陷；粗糙的红色皮肤（天然的或者是人造的），在他们看起来是细嫩的、绯红的。我们经常会很惊讶，我们的朋友有时竟会那么天真，把别人的年龄搞差20多岁，还会对他们奇怪的审美情趣感到震惊，甚至在他们看着你但又好像装作不认识的时候，责怪他们没有礼貌，但这只不过是因为他们眼睛近视罢了。

普希金时代的诗人，普希金的朋友德尔维格曾经这样回忆道：

在贵族学校的时候不允许我戴眼镜，不过所有的女人对我来说都是那么美丽，可是毕业后，我失望了！

当近视的人（不戴眼镜）与您交谈时，他根本看不清您的脸——至少他所看到的，并不是您想要展现的一面：在他眼前的只是一个模糊的轮廓。如果过一个小时以后您再见到他，而他却认不出您了，这也没有什么可以感到奇怪的。大部分近视的人不是靠外表认出一个人，而是根据对方的声音：视力的缺陷需要用敏锐的听觉来弥补。

您知道在夜里，近视的人眼中的世界是什么样子吗，还是很有意思的。在光线昏暗的夜晚，一切光亮的物体，手电筒、电灯、亮着灯光的窗子等等，在近视的人眼中都会变得非常大，眼前的景物就是一片模模糊糊的光点和黑影。在街道上，他们看到的不是路灯发出的光线，而是两三个巨大的光点，占满了整个街道。近视的人无法分辨出走近的汽车，只能看到两个很亮的光圈（汽车前灯），后面则是黑漆漆的一片。

近视的人看到的夜空，也与视力正常的人看到的有很大差别。近视的人最多能看到三等星或者四等星，所以他只能看到几百颗星星，而不是几千颗，就是这为数不多的星星，在他们眼中也只不过是一团亮光而已。对近视的人来说，月亮又大又近，而残月的形状是很奇怪、很神秘的。

当然，所有的这些失真和物体变大假象的产生，都是源于近视的人眼睛的构造。近视的人眼球较大，使外部物体发出的光线进入眼球后不是折射到视网膜上，而是要靠前一点，眼底视网膜接收到的是发散的光线，于是就形成了模糊不清的影像。

第十章
声音和听觉

用声音代替卷尺

知道声音在空气中的传播速度，我们就可以利用声音来测量我们至无法到达的物体之间的距离。儒勒·凡尔纳在小说《地心游记》中就描述过这种情形。在地下旅行的时候，两个旅行家——教授和他的侄子——走散了，找不到对方。最后，他们通过声音找到了对方，这就是他们当时的对话：

> "叔叔！"我喊道（故事是以侄子的口吻讲述的）。
> "嗳，我的孩子？"不到几秒钟声音就传过来了。
> "我们一定要知道我们相离多远。"
> "那容易。"
> "你有时辰表吗？"
> "是的。"
> "拿出来，叫我的名字，并且注意当时准确的是哪一秒。我一听见名字，我再重复一遍，你再看看声音传到你耳朵的时候，

又是哪一秒。"

"好吧；声音的传达恐怕要占一半时间。你准备好了吗？"

"准备好了。"

"好，你注意，我就要叫你的名字了。"

我把耳朵贴在岩壁上。我一听见叫"阿克赛"（主人公的名字），立即回答了一声"阿克赛"，然后等待着。

"四十秒。"叔父说。

所以声音传到这段距离需要二十秒，一秒钟传一千零二十英尺的话，二十秒钟可传两万零四百英尺，也就是不到四英里。

如果您已经明白了这段小说节选所讲述的内容，独自解决下面的问题就没有什么困难了：我看到远处的火车头冒出了一股白色蒸汽，在半秒钟后传来了汽笛声。请问我距离火车头有多远？

声音反射镜

茂密的树林，高大的围墙、建筑物和高山——一切能够产生回声的障碍物，就是一面声音的反射镜，它们就像平面镜反射光线一样，反射声音。

声音的反射镜不但有平面的，也有曲面的。反射声音的凹面镜与反光镜一样，可以把"声线"汇聚在自己的焦点上。

用两个比较深的盘子就可以做这样一个很有趣的实验：把一个盘子放在桌面上，把怀表拿在距离盘底几厘米的地方，另外一只盘子放在耳边，就像图149中画的那样。如果找准怀表、盘子和耳朵之间的距离（尝试几次就可以了），您可以清楚地听到怀表的滴答声，就好像从耳边的盘子里传出来的一样。如果把眼睛闭上，这种错觉就更明显了：这时候仅凭听觉已经无法断定怀

图149　反射声音的凹面镜

表是拿在哪只手里的，左手还是右手？

中世纪城堡的建造者们经常把半身雕像放置在反射声音的凹面镜焦点上，或者放置在隐藏于墙壁中的传声筒末端，导致经常出现形形色色奇怪的声音。图150摘自于16世纪的一本古书，我们可以在图上看到这种巧妙的设计：外面的声音经过传声筒和拱形的天花板传到半身雕像，就好像从雕像的嘴中发出似的；这些砌在墙中的巨大传声筒，可以把外面院子里各种各样的声音传播到大厅中的半身石雕等上面，使这里的参观者仿佛听到大理石的雕像在喃喃自语，或者在低声吟唱。

图150　古堡中奇怪的声音——会说话的半身雕像（摘自阿塔纳斯·基歇尔的著作，1560年）

剧院大厅里的声音

多次光顾各种电影院和剧场的观众们都十分了解，这些大厅的音响效果有的很好，但有一些却差一点；在音响效果好的大厅中，表演者的对白和乐器的声音在很远的距离都可以听得清清楚楚，但在音响效果比较差的大厅中，即使坐在前排，声音也不是那么清晰。美国物理学家伍德在其《声波及其应用》（这部优秀作品的俄文译本出版于1934年）一书中很好地解释了这种现象产生的原因：

建筑物内声源发出的任何声音，会长时间地在建筑物内传播，经过多次反射以后，可以在建筑物内来回传播好几次，而与此同时，新的声音又已经发了出来，使听众们经常不能正确地捕获和分辨这些声音。例如，如果一个声音能够存留3秒钟，而讲话的人每秒钟可以发出3个音节，则同时就会有9个音节的声音在房间里面飘荡，听起来杂乱无章，像噪音一般，使听众们根本无法分辨出讲话的人在说什么。

在这种条件下，讲话的人必须压低嗓音，吐字尽量清楚，才能使听众们听清。但讲话者往往相反，努力地提高嗓音，这样反而会使噪音变得更大。

就在不久之前，找到一个音响效果很好的剧院，对观众来说还是一件碰运气的事情。现在，我们已经成功地掌握了与这种不受欢迎的声音延续（这种现象叫做"混响"）作斗争的方法，避免声音受到干扰。这个问题，只有建筑师才会感兴趣，所以我们不在本书中详细探讨，只指出一点，提高音响效果的主要手段就是采用可以吸收多余声音的材料装修墙壁表面。声音最好的吸收装置就是打开的窗户（就像光线最好的吸收装置是小孔一样），人们甚至用一平方米打开的窗子作为吸收声音的计量单位。剧场中的听众也是声音的良好吸收装置，虽然吸收效果要比打开的窗子的效果差一倍：每一个观众对声音的吸收效果，相当于半平方米打开的窗子。一位物理学家曾经说过，"听众们会吸收演讲者的话语"，如果这里的"吸收"可以从字面意思直接理解，那么"一个空荡荡的大厅会让演讲者感到不快"，从字面意思直接理解也是没有什么错误的。

但是，如果大厅的声音吸收效果太好了，也会影响听众的收听。首先，过度的吸收会使声音变小，其次，如果混响低到一定程度，就会使声音变得断断续续，听起来干巴巴的。所以，必须避免较大的混响，同时也不能使混响变得太小。对不同的大厅来说，混响的最佳值是不一样的，这在设计这些大厅时就要计算好。

从物理学的角度，我们还应该注意到剧场中的另外一件东西，那就是提词间。不知您注意到没有，所有提词间的形状都是一样的。这是因为提词间本身就是一种物理装置，它的拱顶就是一个反射声音的凹面镜，它有

两个作用：一是避免提词员发出的声音被听众听到，另外就是把提词声反射到舞台上去。

海底传来的回声

很长一段时间，回声都没有给人们带来什么益处，直到产生了利用回声测量海洋深度的方法。这是一个意外的发明。在1912年，巨大的远洋客轮"泰坦尼克号"意外地与冰山相撞，几乎所有的乘客都与这艘巨轮一同沉入了海底。为了避免类似惨剧的再次发生，人们尝试着利用回声来探明轮船的前方是否存在冰山。这种尝试在实践中并没有取得成功，但却由此引出了另外一个想法：利用来自海底的回声测量海洋的深度。这个想法取得了巨大的成功。

图151就是这种装置的示意图。在一侧船舷的船舱底部放置一个弹药筒，弹药筒点燃后会发出十分尖锐的声音。这种声波会穿透水层，直达海洋底部，经海底反射后再传播回来，这就是回声。在船底，除弹药筒之外，还

图151　回声探测器的工作示意图

装有一种十分灵敏的仪器，可以捕捉到回声，同时，计时器可以准确地测量出发出声音与收到回声的时间间隔。我们知道声音在水中的传播速度，这样就很容易计算出水面到声音反射物之间的距离，也就是海洋的深度。

这种装置叫做回声探测仪，它给海洋深度测量工作带来了一场重大的技术变革。以前的铅锤测深系统只能在船只固定时工作，而且测量需要花费很长的时间。测深锤绳盘绕在绞车上，在进行测量时被缓慢地放入海水中（大约每分钟150米），提升绳索的速度也是同样缓慢。3千米的深度，如果使用这种测量方向，大约需要3/4小时的时间，而使用回声探测仪测量海洋深度仅仅需要几秒钟的时间，测量可以在船只全速前进的情况下进行，而且测量精度和可靠性也是非常之高。回声探测仪的测量误差不超过1/4米（也就是说时间间隔可以精确到1/3000秒）。

如果说测量的精确度对于海洋有重大意义的话，那么在小范围内快速、准确且可靠的定位深度，则对船只航海起着不可低估的作用，因为这样可以保证船只的安全：依靠回声探测仪的帮助，船只可以从容不迫地快速靠岸。

现代的回声探测仪，使用的不是普通的声音，而是超强的"超声波"，人耳是听不到这种声波的，其振荡频率为每秒百万级。这种超声波是由置于在快速交变电场中的石英片（压电石英）振荡产生的。

昆虫的嗡嗡声

为什么昆虫会发出嗡嗡的声音？在大多数情况下，昆虫并没有发出嗡嗡声的专门器官，这种只有在昆虫飞行时才能听到的嗡嗡声，实际上是昆虫飞行时高速扇动翅膀（每秒钟可达几百次）产生的。昆虫的翅膀就是一个振动的薄片，我们知道，所有以相当快的频率（每秒钟超过16次）振动的薄片都可以发出一定高度的音调。

现在您就可以明白，人们是如何确定各种昆虫飞行时翅膀的每秒振动次数的：只需要根据声音确定昆虫飞行时发出的音调就可以，因为每一种音调都对应着一定的振动频率。借助于"时间放大镜"（见第一章）我们发现，每一种昆虫的翅膀扇动频率基本上是不变的，在调整飞行方式时，昆虫只会改变翅膀的扇动幅度（振动"幅度"）以及翅膀的倾角，只是在气温很低的情况下，昆虫才会加快翅膀的振动频率。这也就是为什么昆虫在飞行的时候发出的声音是一成不变的原因。

举几个例子。我们已经知道，家蝇飞行时可以发出F大调的声音，每秒钟扇动352次翅膀；黄蜂每秒钟扇动翅膀220次。还没有采到花蜜的蜜蜂在飞行时每秒钟扇动翅膀440次，可以发出A大调的声音；而采到花蜜的蜜蜂，飞行时每秒钟扇动翅膀的次数会降低到330次，发出的声音为B大调。甲虫飞行时翅膀的扇动频率较低，发出的声音也就比较低沉。相反，蚊子的翅膀振动频率到达每秒钟500~600次。与昆虫翅膀振动的高频率相比，飞机螺旋桨的转速仅有每秒钟25转。

听觉上的错觉

如果我们认为一个很小的声音不是从附近发出来的，而是来自于很远的地方，我们就会觉得这个声音很响。这种听觉上的错误其实是很常见的，只是我们不总是会注意到罢了。

我们来看看美国学者威廉·詹姆斯在其著作《心理学原理》中是怎样精彩地描述这种情况的：

有一天深夜，我坐在家中看书，突然从房子的上方传来了一阵奇怪的声音，然后声音就消失了，一分钟以后，那个声音又出现了。我走到了客厅，想仔细听听这个声音，但它再一次消失了。我刚刚回到房间拿起书，那个骇人的声音又传来了，好像是暴风雨来临前的巨大声响，从四面八方传来。我十分惊慌地再次进入客厅，而声音却又听不到了。

当我第二次回到房间时突然发现，原来这个声音是一只躺在地板上的小狗睡觉时发出的鼾声！…

　　有意思的是，在发现了产生这个声音的真正原因之后，无论怎么努力，我都无法再现原来的那种幻觉了。

　　想必，读者们也可以在自己的生活中找到类似的例子，我本人可是不止一次遇到过这种情形。

蝈蝈的叫声是从哪里传出来的？

　　我们在判断发出声音的物体的位置时，经常判断错误的不是物体的距离，而是它的方位。

　　我们的耳朵可以正确地分辨出枪声是从哪边传来的，从左边还是从右边。（图152）

图152　枪声是从哪边传来的，从左边还是从右边

　　但是，如果声源的位置在我们的正前方或者正后方，我们的耳朵在判断它的方位时就经常会显得无能为力（图153）：前方发出的枪声，经常被我们误认为是从后方发出的。

　　我们在这种情况下只能根据声音的强度辨别枪声的
远近。

　　下面的这个小实验可以教给我们很多东西。请一个人
坐在房间的中央，蒙上他的双眼，请他安静地坐在那里，
不要转动头部。然后，您拿两个硬币站在被测试者的正前
方，也就是在其双耳的竖直等分平面上，敲打两只硬币，
让被测试者说出硬币敲击声音是从哪里发出来的。测试结
果简直无法令人相信：声音本来是从房间的这个角落里传
出的，但被测试者却把手指向完全相反的方向。

　　如果您不再站在前面提到的双耳等分平面上，而是往
旁边偏一点，错误就不会这么严重了。当然，这时候被测
试者离得比较近的那只耳朵会先听到声音，而且听到的
声音也更大，正是由于这个原因，被测试者可以判断出声
音是从哪里发出来的。

　　这个实验同时也解释了，为什么我们很难发现在草丛
中鸣叫的蝈蝈。蝈蝈尖锐的叫声好像是从马路的右边发出
来的，离您只有两步远，您把头转向那里，什么也没有看

图153　枪声是从
哪里发出来的

见，声音仿佛又转移到了左边，再把头转向那里，声音又跑到第三个地方
去了。您跟随蝈蝈的叫声把身体转动得越快，这个看不见的"音乐家"就
蹦得越快。但实际上这个昆虫一直趴在一个地方，它的飘忽不定，是您自
己想象出来的，是听觉上的幻觉。您的错误在于把头转向了蝈蝈的方向，
使蝈蝈恰好位于我们的正前方，也就是在双耳等分竖直面上，我们知道，
在这个时候，很容易出现声音方位的判断错误：蝈蝈的鸣叫声明明在您的
前方，但您却错误地认为声音是从相反方向发出的。

　　从这里可以得到一个实际经验：如果您想要知道蝈蝈的声音、布谷鸟
的叫声等远处传来的声音是从哪里传来的，请不要把头转向声音的方向，
相反，要把头转向一侧，也就是所谓的"侧耳倾听"。

听觉的奇事

在咀嚼硬面包干的时候，我们会听到很响的噪音，但这个时候坐在我们旁边的人也在吃面包干，却听不到太明显的噪声。他们是怎么把这种声音巧妙地隐藏起来的呢？

事情是这样的：咀嚼面包干发出的声音只有我们的耳朵能够听到，对我们旁边的人却影响不大。就像所有坚硬的、有弹性的物体一样，头部的骨骼也是声音的良导体，在稠密介质中，声音还会被放大到惊人的程度。咀嚼面包干的声音通过空气传到耳中，只是一种很细微的噪音，而如果这种声音经过头部坚硬的骨骼传至我们的听觉神经，就会变成隆隆巨响。还有一个类似的实验：把怀表的小环咬在牙齿间，用手把耳朵紧紧捂住：您会听到重重的撞击声——怀表的滴答声居然被放大到这种程度。

据说，在贝多芬耳聋之后，他就是采用把手杖的一端放在钢琴上、把另外一端咬在牙齿之间的方式倾听钢琴演奏的。同样，内耳没有损坏的聋人，也可以在音乐的伴奏下跳舞：声音可以通过地板和骨骼传递到他们的听觉神经。

"神奇的腹语者"

腹语者们创造的惊人"奇迹"，实际上也是基于前面章节中讲到的听觉特点。

"如果有人在屋脊上走动，"汉姆普森教授曾经这样写道，"则他说话的声音在房间里听起来就像是低低的耳语声，他走得越远，耳语声就越弱。如果我们坐在这栋房子的一个房间中，关于声音传来的方向和说话者的距离，我们的耳朵是什么信息也不能向我们提供的。但是根据声音的变化，我们的头脑会得出说话者已经远离的结论。如果这个嗓音还告诉我们，它的主人在屋顶上运动，则我们更容易相信这种判断。最后，如果有人开始和这

个仿佛在屋外的人说话，则结论就更明显了：我们会完全相信这种错觉。"

腹语者在进行表演时就是努力让观众进入这样的状态的。如果轮到屋顶上的人说话，则腹语者看起来是在喃喃自语，而如果需要他自己说话的时候，腹语者就用正常的、清晰的嗓音说话，以便与其他的嗓音区别开来。腹语者与他的"假想同伴"的对话内容，也会使这种错觉更强烈。这种腹语表演的唯一缺点，就是外面那个人的"假想声音"实际上是来自舞台上这个人的，也就是说，声音来源的方向是有问题的。

还需要指出，腹语者这种称呼不是很合适。在轮到他的"假想同伴"说话的时候，腹语者必须向观众隐瞒这样的事实，也就是这些话实际上是他自己说的。为此，腹语者会使用各种各样的手段：他们会利用不同的手势来转移观众的注意力，把头歪向一侧，手托在腮边，好像是在倾听，实际上他是在想办法遮盖自己的嘴唇。另外，表演中只需要不清晰的、极弱的耳语，这也帮了腹语者的大忙，嘴唇的动作被隐蔽得很好，很多观众都会认为，声音是从表演者的身体内部发出来的，这就是"腹语者"一词的来历。

总而言之，腹语者能够表演得这样的"神奇"，只是因为我们无法准确地判定发声物体的方向和距离。在一般情况下，我们只能对声音方向和距离做出大致的判断，但如果把我们放到一个不是完全熟悉的声音感知环境中，我们在确定声音来源时就会犯极大的错误。在观看腹语者表演的时候，虽然我很清楚这究竟是怎么回事，但仍不免产生错觉。